透过案例学算量

建筑工程实例算量和软件应用

北京广联达软件技术有限公司　编写

中国建材工业出版社

图书在版编目（CIP）数据

透过案例学算量：建筑工程实例算量和软件应用/北京广联达软件技术有限公司编写．—北京：中国建材工业出版社，2006.10（2013.3 重印）

ISBN 978-7-80227-153-1

Ⅰ. 造… Ⅱ. 北… Ⅲ. 建筑工程—工程造价—应用软件 Ⅳ. TU723. 3

中国版本图书馆 CIP 数据核字（2006）第 115720 号

内 容 简 介

建筑物要计算哪些工程量?

怎样才能快速弄清楚软件的计算原理?

怎样用软件准确地计算出建筑物的工程量?

……

作者根据自己多年积累的工程实践和软件培训经验，总结出“六大块算量”思考方法。运用这种方法，你可以做到算量思路清晰、不漏项、不重算。

本书通过一个极简单的案例，讲解了比较复杂的算量问题，按照“六大块算量”的思考方法计算出建筑物的所有工程量，并给出了标准答案。

软件部分一改过去只讲功能的叙述方法，开创了用标准答案去对量的体验式学习模式，让用户在对量的过程中非常有兴趣地学习软件。

透过案例学算量
建筑工程实例算量和软件应用
北京广联达软件技术有限公司　编写

出版发行：中国建材工业出版社
地　　址：北京市西城区车公庄大街 6 号
邮　　编：100044
经　　销：全国各地新华书店
印　　刷：北京鑫正大印刷有限公司
开　　本：787mm×1092mm　1/16
印　　张：9
字　　数：211 千字
版　　次：2006 年 10 月第 1 版
印　　次：2013 年 3 月第 11 次
定　　价：**32.00** 元（含光盘）

本社网址：www.jccbs.com.cn
本书如出现印装质量问题，由我社发行部负责调换。联系电话：（010）88386906

编委会名单

前　言

我为什么要写这本书?

我从1985年至今一直从事建筑工程预决算工作，其中工程量计算占整体算量的40%左右，对墙、梁、板、柱等主体部分工程量计算我不发愁，但对细碎而烦琐装修算量，我却感到很头疼。

当我看到北京广联达软件技术有限公司的图形算量软件，只是用鼠标轻轻一点，就把一个房间的所有量计算出来时，我非常兴奋，太神奇了，这比手工要快多少倍啊！于是我下决心要学会这门技术，解除手工计算工程量的痛苦。

1999年以后，每接到一个工程，我都用广联达软件去算量、抽钢筋和套价。从最初一窍不通到能熟练使用；从前几个工程比手工还慢到现在平均一天算10000m^2；从开始对软件一无所知到如今应用得游刃有余；从手工对量到软件对量；从多次飞标到多次中标；从不相信软件到对软件产生信心……其中经历过太多的痛苦和喜悦。经过无数个工程的洗礼，我的算量软件水平不断提高，我的能力也逐渐被广大用户所认可。

2003年，我担任了该公司算量软件的产品经理，直接参与算量软件的规划与设计。因工作需要，我经常接触专家级用户和开发人员，我必须把市场的需求描述成编程人员能看懂的产品功能，这要求有相当严密的逻辑思维能力，在多次被开发人员打回来重写的磨难中，我的水平也产生了质的飞跃。

在此期间，我经常给该公司的用户做算量软件的培训。在培训中我发现，很多用户对要算哪些量一知半解，对计算规则模模糊糊，这对学习算量软件造成很大的障碍。这时我便有了萌发写一本算量基础教材的想法，帮助这些用户解脱手工算量的痛苦，但苦于没有思路，迟迟没有动笔。

2004年以后，经常有一些朋友把自己的亲戚朋友介绍到我这儿，跟我学习，此间接到的工程就让学员们去做，因为一开始对学员们做的工程不放心，我教他们先用手工做一遍，然后用软件去对量，没想到这种手工与软件相结合的方法培训效果奇好，从此我悟出，其实对量的过程就是最好的学习过程，我开始尝试用对量的方法进行教学，并总结出“六大块算量”思考方法，先让学员们按“六大块”的思路总结出这个工程要计算哪些工程量，再根据计算规则算出这些量的标准答案，然后让他们用软件去对量。事实证明，这种方法是行之有效的，学员们在对量的过程中非常投入地反复操作软件，经过这个过程，他们不但软件功能十分娴熟，而且把软件的计算原理也搞得清清楚楚。

这本书能给你带来什么价值?

我们知道，运动员在平时训练的时候都练习的是基本动作，只有把基本动作练到炉火纯青的地步，才能在比赛时取得优异的成绩。这本书讲的就是工程算量的基本动作，只要大家跟着书的思路一步一步走下来，我相信大家能够掌握工程算量的基本方法和软件的计算原理，并且能够轻松地使用该公司软件算出工程量来。

对有心从事算量工作又没有算量基础的学生，你就把本书的案例先用手工算一遍，再用软件算一遍，只要量能对上，又回答了每章后面的思考与练习，你的基本功就差不多了。

对从事预算教学工作的老师，你可以把此书当成学生的实训教材，从中抽离出学生案例部分和老师答案部分，只要学生在实训结束后能总结出工程算量的基本方法，你的教学目的就达到了。

怎样阅读这本书?

这本书的第一章写的是用“六大块算量思考方法”，讲解一般建筑物要计算哪些工程量；第二章写的是一个案例手工和软件的具体算量过程；第三章写的是怎样利用软件算好的量去套定额；第四章写的是怎样利用软件算好的量进行清单组价。读者可根据自己的情况选择阅读。

感谢!

没有下面这些朋友的帮助，这本书我是写不出来的，我在这里表示真诚的感谢!

感谢南京林业大学朱建君老师、浙江水利水电专科学校苗月季老师、张英老师为本书编写提供的宝贵意见，感谢刘帅先生为本书的出版发行做了大量的工作，感谢我的爱人赵春婵女士为本书提供了鲜活的案例，感谢我的弟弟张向军先生为本书的图片制作做了大量的工作，感谢我的孩子张旭和张舒为本书的图片校对做了大量的工作，感谢朱文东先生和吕佳丽女士为本书的编辑做了大量的工作，感谢为本书出力的所有朋友。

谢谢你们!

重要说明:

1. 本书是根据本人多年算量和培训经验总结出来的，还有很多不完善之处，欢迎大家在网上和我交流，我的邮箱是：zhangxr2005@126.com。

2. 虽然我们已经校对多次，书中仍然可能出现错误，希望大家谅解。

3. 本书在编写时，用的是该公司清单算量软件 GCL V8.0 1256 版本，在个别地方因理解不一致，手工答案和软件答案有所出入，这些方面我希望和大家共同探讨。另外，你在应用该公司清单算量软件其他版本时，在操作步骤上或软件结果上可能有所变化，望引起大家注意。

张向荣
2006 年 9 月 12 日

目　录

1　算量的思考方法

本章的学习目标

（1）掌握建筑物分层、分块、分构件计算工程量的思考方法。
（2）明确每个工程要计算哪些工程量。

1.1　建筑物分层思路

计算工程量必须有层的概念，再复杂的建筑我们划分成层都相对简单一点，任何建筑物，我们都可以用如下思路进行分层（见图 1-1）。

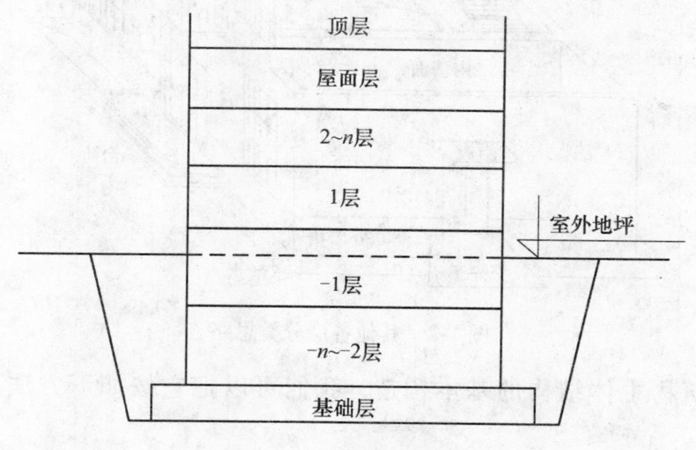

图 1-1　建筑物分层思路

思考与练习

1. 我们把建筑物分成几层，是否所有的建筑物都可以按此方法进行分层?
2. 请说出每层的名称是什么？

1.2　每层包括哪些构件

分完层后，我们来看看每层都包括哪些构件。

1.2.1　基础层包括哪些构件

基础层一般包括如下类型（见表 1-1）。

表 1-1　基础类型表

名　称	基础类型
基础层	桩基础（承台）
	独立基础
	满堂基础
	条形基础（基础墙）

1.2.2　其他各层分类思路（见图 1-2）

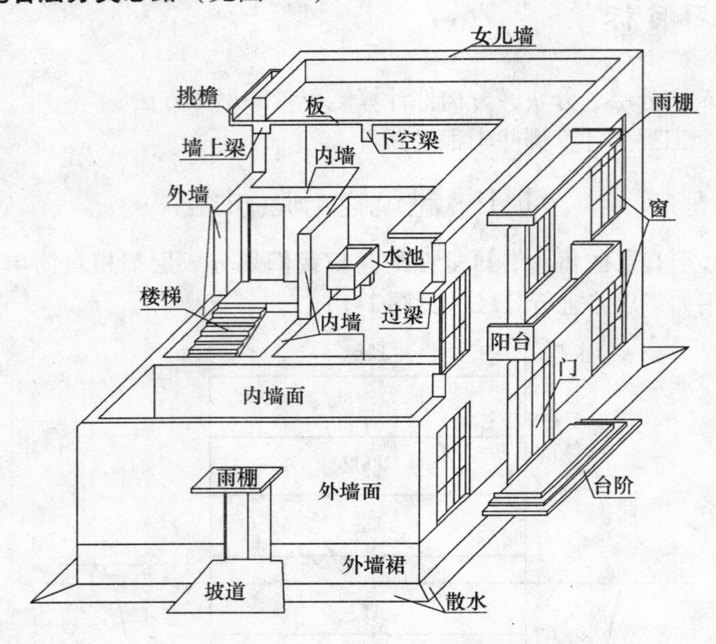

图 1-2　其他各层分类思路

图 1-2 是建筑物主体结构的基本构造，我们可以把它按如下方法分成六大块（见表 1-2）。

表 1-2　六大块的分类思路

层名称	六大块	解　释	包括哪些构件
某一层	围护结构	房间的围护构件	门窗、门联窗、过梁、梁、柱、内外墙
	顶部结构	房间的顶部构件	板、梁
	室内结构	房间里的所有构件	楼梯、水池、讲台、室内台阶等
	室外结构	围墙外的所有构件	阳台、雨棚、挑檐、散水、台阶、坡道、空调板等
	室内装修	室内装修的各个部位	地面、踢脚、墙裙、墙面、天棚
	室外装修	室外装修的各个部位	外墙裙、外墙面

1.2.3 各层包括哪些构件（见表1-3）

表1-3 各层构件总表

六大块	层构件	$-n\sim-2$层	-1层	1层	$2\sim n$层	顶层	屋面层
围护结构	内外墙	内外墙	内外墙	内外墙	内外墙	内外墙	内外墙
	门	门	门	门	门	门	
	窗	窗	窗	窗	窗	窗	
	门联窗	门联窗	门联窗	门联窗	门联窗	门联窗	
	过梁	过梁	过梁	过梁	过梁	过梁	
	梁	梁	梁	梁	梁	梁	压顶
	柱	柱	柱	柱	柱	柱	柱
顶部结构	板	板	板	板	板	板	
	梁	梁	梁	梁	梁	梁	
室内结构	楼梯	楼梯	楼梯	楼梯	楼梯	楼梯	
	水池	水池	水池	水池	水池	水池	水池
	讲台	讲台	讲台	讲台	讲台	讲台	
	室内台阶	室内台阶	室内台阶	室内台阶	室内台阶	室内台阶	室内台阶
室外结构	室外台阶	室外台阶		室外台阶			
	散水			散水			
	坡道	坡道	坡道	坡道			
	阳台			阳台	阳台	阳台	
	雨棚			雨棚	雨棚	雨棚	雨棚
	挑檐			挑檐	挑檐	挑檐	挑檐
	空调板		空调板	空调板	空调板	空调板	
室内装修	地面	地面	地面	地面	地面	地面	平面防水
	踢脚	踢脚	踢脚	踢脚	踢脚	踢脚	防水上翻
	墙裙	墙裙	墙裙	墙裙	墙裙	墙裙	
	墙面	墙面	墙面	墙面	墙面	墙面	墙面
	天棚	天棚	天棚	天棚	天棚	天棚	
室外装修	外墙裙		外墙裙	外墙裙	外墙裙		
	外墙面		外墙面	外墙面	外墙面	外墙面	外墙面
	外墙防水	外墙防水	外墙防水				

1.2.4 屋面层的识别方法

屋面层不一定在最顶层，应该用图 1-3 的方法去识别屋面层。

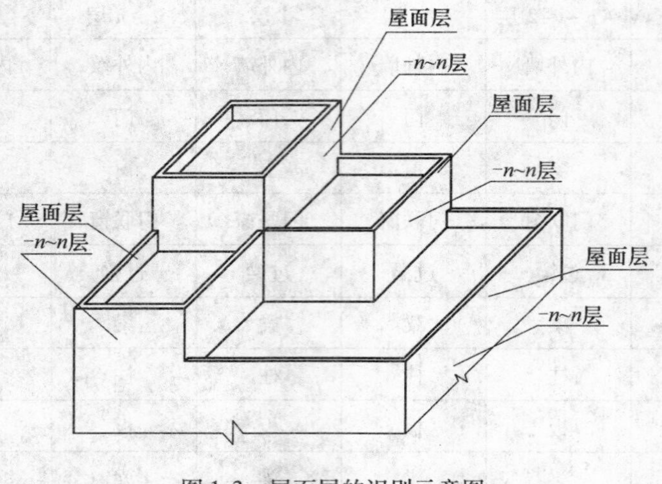

图 1-3 屋面层的识别示意图

思考与练习

1. 我们把某一层分成了几大块，分别说出每块的名称。
2. 请分别说出各大块包括哪些构件？

1.3 每个构件要计算哪些工程量

1.3.1 基础层

1.3.1.1 桩基础要计算哪些工程量

桩包括混凝土灌注桩、水泥粉煤灰碎石桩、灰土桩、钢板护坡桩等多种多样的桩，这里只讲混凝土灌注桩（见表 1-4）。

表 1-4 混凝土灌注桩要计算的工程量

<table>
<tr><th>名 称</th><th colspan="2">要计算哪些工程量</th></tr>
<tr><td rowspan="5">混凝土灌注桩</td><td>桩挖土</td><td>体积</td></tr>
<tr><td>土方运输</td><td>体积</td></tr>
<tr><td rowspan="2">护壁</td><td>混凝土体积</td></tr>
<tr><td>模板面积</td></tr>
<tr><td>桩</td><td>混凝土体积</td></tr>
</table>

1.3.1.2 承台要计算哪些工程量（见表1-5）

表1-5 承台要计算的工程量

名 称	要计算哪些工程量		
承台	土方		挖土方体积
			挡土板面积
			基底夯实面积
	垫层	素土垫层	素土体积
		灰土垫层	灰土体积
		三合土垫层	三合土体积
		混凝土垫层	混凝土体积
			模板面积
	承台		混凝土体积
			模板面积

1.3.1.3 独立基础要计算哪些工程量（见表1-6）

表1-6 独立基础要计算的工程量

名 称	要计算哪些工程量		
独立基础	土方		挖土方体积
			挡土板面积
			基底夯实面积
	垫层	素土垫层	素土体积
		灰土垫层	灰土体积
		三合土垫层	三合土体积
		混凝土垫层	混凝土体积
			模板面积
	独立基础		混凝土体积
			模板面积

1.3.1.4 满堂基础要计算哪些工程量（见表1-7）

表1-7 满堂基础要计算的工程量

<table>
<tr><th>名 称</th><th colspan="3">要计算哪些工程量</th></tr>
<tr><td rowspan="11">满堂基础</td><td rowspan="3">土方</td><td rowspan="3">大开挖土方</td><td>土方体积</td></tr>
<tr><td>挡土板面积</td></tr>
<tr><td>基底夯实面积</td></tr>
<tr><td rowspan="5">垫层</td><td>素土垫层</td><td>素土体积</td></tr>
<tr><td>灰土垫层</td><td>灰土体积</td></tr>
<tr><td>三合土垫层</td><td>三合土体积</td></tr>
<tr><td rowspan="2">混凝土垫层</td><td>混凝土体积</td></tr>
<tr><td>模板面积</td></tr>
<tr><td rowspan="3">满堂基础</td><td rowspan="2">总体积</td><td>非后浇带体积</td></tr>
<tr><td>后浇带体积</td></tr>
<tr><td>模板</td><td>模板面积</td></tr>
</table>

1.3.1.5 条形基础要计算哪些工程量（见表1-8）

表1-8 条形基础要计算的工程量

<table>
<tr><th>名 称</th><th colspan="3">要计算哪些工程量</th></tr>
<tr><td rowspan="12">条形基础</td><td rowspan="3">土方</td><td rowspan="3"></td><td>土方体积</td></tr>
<tr><td>挡土板面积</td></tr>
<tr><td>基底夯实面积</td></tr>
<tr><td rowspan="5">垫层</td><td>素土垫层</td><td>素土体积</td></tr>
<tr><td>灰土垫层</td><td>灰土体积</td></tr>
<tr><td>三合土垫层</td><td>三合土体积</td></tr>
<tr><td rowspan="2">混凝土垫层</td><td>混凝土体积</td></tr>
<tr><td>模板面积</td></tr>
<tr><td rowspan="4">条形基础</td><td rowspan="2">混凝土条形基础</td><td>混凝土条基体积</td></tr>
<tr><td>模板面积</td></tr>
<tr><td>砖条形基础</td><td>砖条基体积</td></tr>
<tr><td>石条形基础</td><td>石条基体积</td></tr>
</table>

1.3.2 其他各层

1.3.2.1 门窗要计算哪些工程量（见表1-9）

表1-9 门窗要计算的工程量

<table>
<tr><th>名 称</th><th colspan="2">要计算哪些工程量</th></tr>
<tr><td rowspan="5">门</td><td rowspan="2">门制作</td><td>门洞口面积</td></tr>
<tr><td>门框外围面积</td></tr>
<tr><td>运输</td><td>门运输面积</td></tr>
<tr><td>油漆</td><td>门油漆面积</td></tr>
<tr><td>五金</td><td>门五金个数</td></tr>
<tr><td rowspan="5">窗</td><td rowspan="2">窗制作</td><td>窗洞口面积</td></tr>
<tr><td>窗框外围面积</td></tr>
<tr><td>运输</td><td>窗运输面积</td></tr>
<tr><td>油漆</td><td>窗油漆面积</td></tr>
<tr><td>五金</td><td>窗五金个数</td></tr>
<tr><td rowspan="4">飘窗</td><td>飘窗制作</td><td>同窗</td></tr>
<tr><td rowspan="3">上下部混凝土板</td><td>混凝土体积</td></tr>
<tr><td>模板面积</td></tr>
<tr><td>装修面积</td></tr>
<tr><td rowspan="5">门联窗</td><td rowspan="2">门联窗制作</td><td>门联窗洞口面积</td></tr>
<tr><td>门联窗框外围面积</td></tr>
<tr><td>运输</td><td>门联窗运输面积</td></tr>
<tr><td>油漆</td><td>门联窗油漆面积</td></tr>
<tr><td>五金</td><td>门联窗五金个数</td></tr>
</table>

1.3.2.2 过梁要计算哪些工程量（见表1-10）

表1-10 过梁要计算的工程量

<table>
<tr><th>名 称</th><th colspan="2">计算哪些工程量</th></tr>
<tr><td rowspan="9">过梁</td><td rowspan="2">现浇混凝土过梁</td><td>混凝土体积</td></tr>
<tr><td>模板面积</td></tr>
<tr><td rowspan="4">预制混凝土过梁</td><td>混凝土体积</td></tr>
<tr><td>运输</td></tr>
<tr><td>安装</td></tr>
<tr><td>灌缝</td></tr>
<tr><td>钢筋砖过梁</td><td>砖过梁体积</td></tr>
<tr><td>砖平旋</td><td>砖平旋体积</td></tr>
<tr><td>砖弓</td><td>砖弓体积</td></tr>
</table>

1.3.2.3　梁要计算哪些工程量（见表1-11）

表1-11　梁要计算的工程量

名　称	计算哪些工程量		
梁	现浇混凝土梁	框架梁	体积
			超高体积
			模板面积
			超高模板面积
			装修面积
			梁脚手架面积
		圈梁	体积
			模板
	预制混凝土梁	吊车梁	体积
			运输体积
			安装体积
		鱼腹梁	体积
			运输体积
			安装体积

1.3.2.4　柱要计算哪些工程量（见表1-12）

表1-12　柱要计算的工程量

名　称	要计算哪些工程量			
柱	混凝土柱	现浇	构造柱	构造柱体积
				构造柱模板
			框架柱	体积
				超高体积
				模板
				超高模板
				脚手架
				超高脚手架
		预制		制作体积
				运输体积
				安装体积
				灌缝体积
	砖柱			砖柱体积
	石柱			石柱体积
	木柱			木柱体积
				装修面积
	钢柱			钢柱重量
				装修面积
				油漆重量

1.3.2.5 墙要计算哪些工程量（见表1-13）

表1-13 墙要计算的工程量

<table>
<tr><th>名 称</th><th colspan="4">要计算哪些工程量</th></tr>
<tr><td rowspan="14">墙</td><td rowspan="4">混凝土墙</td><td></td><td></td><td>体积</td></tr>
<tr><td></td><td></td><td>模板</td></tr>
<tr><td></td><td></td><td>超高体积</td></tr>
<tr><td></td><td></td><td>超高模板</td></tr>
<tr><td rowspan="10">砖墙（砌块墙）</td><td rowspan="5">外墙</td><td rowspan="2">实心墙</td><td>体积</td></tr>
<tr><td>防潮层</td></tr>
<tr><td>空斗墙</td><td>体积</td></tr>
<tr><td>空花墙</td><td>体积</td></tr>
<tr><td>填充墙</td><td>体积</td></tr>
<tr><td rowspan="5">内墙</td><td rowspan="2">实心墙</td><td>体积</td></tr>
<tr><td>防潮层</td></tr>
<tr><td>空斗墙</td><td>体积</td></tr>
<tr><td>空花墙</td><td>体积</td></tr>
<tr><td>填充墙</td><td>体积</td></tr>
</table>

1.3.2.6 板要计算哪些工程量（见表1-14）

表1-14 板要计算的工程量

<table>
<tr><th>名 称</th><th colspan="5">要计算哪些工程量</th></tr>
<tr><td rowspan="11">板</td><td rowspan="6">现浇板</td><td rowspan="3">平板</td><td>现浇板制作</td><td></td><td>体积</td></tr>
<tr><td rowspan="2">模板</td><td>底模</td><td>面积</td></tr>
<tr><td>侧模</td><td>面积</td></tr>
<tr><td rowspan="3">斜板</td><td>斜板制作</td><td></td><td>体积</td></tr>
<tr><td rowspan="2">模板</td><td>底模</td><td>面积</td></tr>
<tr><td>侧模</td><td>面积</td></tr>
<tr><td rowspan="5">预制板</td><td></td><td>预制板制作</td><td></td><td>体积</td></tr>
<tr><td></td><td>运输</td><td></td><td>体积</td></tr>
<tr><td></td><td>安装</td><td></td><td>体积</td></tr>
<tr><td></td><td>灌缝</td><td></td><td>体积</td></tr>
<tr><td></td><td>养护</td><td></td><td>体积</td></tr>
</table>

1.3.2.7　楼梯要计算哪些工程量（见表 1-15）

表 1-15　楼梯要计算的工程量

名　称	计算哪些工程量			
楼梯	混凝土楼梯	现浇楼梯	楼梯	投影面积
			模板	投影面积
			装修	底部面积
		预制楼梯	制作	体积
			运输	体积
			安装	体积
			装修	底部面积
	木楼梯		长度	投影面积
			安装	投影面积
			油漆	投影面积
	钢楼梯		制作	重量
			安装	重量
			运输	重量
			油漆	重量
	栏杆栏板			长度
				面积
				体积

1.3.2.8　小型水池要计算哪些工程量（见表 1-16）

表 1-16　小型水池要计算的工程量

名　称	要计算哪些工程量			
小型水池	现浇水池	水池壁		体积
		水池底板		体积
		水池内装	底	面积
			壁	面积
		水池外装		面积
	预制水池	制作		体积
		运输		体积
	砖水池	水池壁		体积
		水池底板		体积
		水池内装	底	面积
			壁	面积
		水池外装		面积
	水池腿	制作		体积
		装修		面积

1.3.2.9 阳台要计算哪些工程量（见表1-17）

我们可以把阳台看成一个房间，按照六大块的思路进行分解，只是把顶部结构改为底部结构。

表1-17 阳台要计算的工程量

名称	六大块	要计算哪些工程量		
阳台	围护结构	阳台栏板	混凝土	体积
				面积
				长度
				模板面积
			砖砌	体积
		阳台栏杆	钢	长度
		阳台扶手（压顶）	木、钢、混凝土等	长度
				体积
		阳台窗	制作	阳台窗面积
			运输	阳台窗面积
			安装	阳台窗面积
			油漆	阳台窗面积
			五金	数量
		阳台隔护板	砖砌	体积
			预制	体积
				运输体积
				安装体积
				灌缝体积
	底部结构	阳台板	现浇	面积
				体积
			预制	体积
				运输体积
				安装体积
				灌缝体积
		阳台梁		体积
				模板面积
	内部装修	地面		抹灰面积
				块料面积
		踢脚	贴墙踢脚	贴墙抹灰踢脚长度
				贴墙块料踢脚长度
				贴墙块料踢脚面积
			栏板踢脚	栏板踢脚长度
				栏板踢脚面积
		墙裙	贴墙墙裙	贴墙抹灰墙裙面积
				贴墙块料墙裙面积
			栏板墙裙	栏板墙裙面积
		墙面	贴墙墙面	贴墙抹灰墙面面积
				贴墙块料墙面面积
			栏板墙面	栏板墙面面积
		天棚	抹灰吊顶	阳台底板面积

续表

名　称	六大块	要计算哪些工程量		
阳台	外部装修	栏板	外装修	栏板外装修面积
			顶装修	栏板顶部装修面积
		栏杆	油漆	油漆重量
				油漆面积
		底板	外侧	底板外侧面积
	室内外结构	出水口		数量

1.3.2.10　雨篷要计算哪些工程量（见表1-18）

我们可以把雨篷看成一个房间，按照六大块的思路进行分解，只是把顶部结构改为底部结构。

表1-18　雨篷要计算的工程量

名　称	六大块	要计算哪些工程量			
雨篷	围护结构	雨篷栏板	立板	混凝土	立板体积（或面积或长度）
					立板模板
				砖砌	砖砌体积
			斜板	混凝土	斜板体积（或面积或长度）
					斜板模板
	底部结构	现浇	雨篷平板		面积（或体积）
					模板
		预制	雨篷平板		体积
					运输体积
					安装体积
					灌缝体积
		雨篷梁			体积
					模板
	内部装修	雨篷屋面	找平层		面积
			找坡层		体积
			防水层		平面面积
			保护层		平面面积
		防水上翻			面积
		栏板内装修			栏板内装修面积
	外部装修	栏板	外装修		栏板外装修面积
			顶装修		栏板顶装修面积
		底板	外侧		底板外侧面积

1.3.2.11　挑檐要计算哪些工程量（见表1-19）

表1-19　挑檐要计算的工程量

名　称	六大块	要计算哪些工程量			
挑檐	围护结构	挑檐栏板	立板	混凝土	立板体积
					立板面积（或长度）
					立板模板
				砖砌	砖砌体积
			斜板	混凝土	斜板体积
					斜板长度
					斜板面积
					斜板模板
	底部结构	现浇	挑檐平板		面积
					体积
					模板
		预制	挑檐平板		体积
					运输体积
					安装体积
					灌缝体积
		挑檐梁			体积
					模板
	内部装修	挑檐屋面	找平层		面积
			找坡层		体积
			防水层		平面面积
			保护层		平面面积
		防水上翻			面积
		栏板内装修			栏板内装修面积
	外部装修	栏板	外装修		栏板外装修面积
			顶装修		栏板顶装修面积
		底板	外侧		底板外侧面积

1.3.2.12　台阶要计算哪些工程量（见表1-20）

表1-20　台阶要计算的工程量

<table>
<tr><th>名　称</th><th colspan="4">要计算哪些工程量</th></tr>
<tr><td rowspan="8">台阶</td><td rowspan="4">混凝土台阶</td><td rowspan="3">垫层</td><td>素土垫层</td><td rowspan="3">体积</td></tr>
<tr><td>灰土垫层</td></tr>
<tr><td>混凝土垫层</td></tr>
<tr><td>面层</td><td>台阶面层</td><td>面积</td></tr>
<tr><td rowspan="2">砖台阶</td><td>砖层</td><td></td><td>体积</td></tr>
<tr><td>面层</td><td></td><td>面积</td></tr>
<tr><td rowspan="2">石台阶</td><td>石层</td><td></td><td>体积</td></tr>
<tr><td>面层</td><td></td><td>面积</td></tr>
</table>

1.3.2.13　坡道要计算哪些工程量（见表1-21）

表1-21　坡道要计算的工程量

<table>
<tr><th>名　称</th><th colspan="3">要计算哪些工程量</th></tr>
<tr><td rowspan="6">坡道</td><td rowspan="3">垫层</td><td>素土</td><td>体积</td></tr>
<tr><td>灰土</td><td>体积</td></tr>
<tr><td>混凝土</td><td>体积</td></tr>
<tr><td rowspan="2">底板层</td><td rowspan="3"></td><td>体积</td></tr>
<tr><td>模板</td></tr>
<tr><td>面层</td><td>面积</td></tr>
</table>

1.3.2.14　散水要计算哪些工程量（见表1-22）

表1-22　散水要计算的工程量

<table>
<tr><th>名　称</th><th colspan="3">要计算哪些工程量</th></tr>
<tr><td rowspan="9">散水</td><td rowspan="4">散水垫层</td><td>素土垫层</td><td>体积</td></tr>
<tr><td>灰土垫层</td><td>体积</td></tr>
<tr><td rowspan="2">混凝土垫层</td><td>体积</td></tr>
<tr><td>模板面积</td></tr>
<tr><td>散水面层</td><td>面层一次抹光</td><td>面积</td></tr>
<tr><td rowspan="4">散水伸缩缝</td><td>贴墙伸缩缝</td><td>长度</td></tr>
<tr><td>拐角伸缩缝</td><td>长度</td></tr>
<tr><td>隔断伸缩缝</td><td>长度</td></tr>
<tr><td>相邻构件伸缩缝</td><td>长度</td></tr>
</table>

1.3.2.15　内装修要计算哪些工程量（见表1-23）

表1-23　内装修要计算的工程量

名　称	要计算哪些工程量			
内装修	地面	地面垫层	素土垫层	体积
			灰土垫层	体积
			混凝土垫层	体积
		地面防水	平面	面积
			立面	上翻面积
		地面面层	抹灰面层	抹灰面积
			块料面层	块料面积
	楼面	楼面防水	平面	抹灰面积
			立面	上翻面积
		楼面面层	抹灰楼面	抹灰面积
			块料楼面	上翻面积
	踢脚	抹灰踢脚		抹灰长度或抹灰面积
		块料踢脚		块料长度或块料面积
	墙裙	抹灰墙裙		墙裙抹灰面积
		涂料墙裙		墙裙抹灰面积
		块料墙裙		墙裙块料面积
	墙面	抹灰墙面		内墙抹灰面积
		块料墙面		内墙块料面积
		保温墙面		保温层面积
	天棚	天棚抹灰		天棚抹灰面积
		天棚涂料		天棚抹灰面积
	吊顶	吊顶龙骨		吊顶面积
		吊顶面层		吊顶面积
		面层装饰		吊顶面积

1.3.2.16　外装修要计算哪些工程量（见表1-24）

表1-24　外装修要计算的工程量

名　称	要计算哪些工程量		
外装修	外墙裙	抹灰	外墙裙抹灰面积
		块料	外墙裙块料面积
	外墙面	抹灰	外墙抹灰面积
		块料	外墙块料面积
	地下部分	外墙防水	埋入地下外墙防水面积

1.3.2.17　屋面层要计算哪些工程量（见表1-25）

表1-25　屋面层要计算的工程量

名称	要计算哪些工程量			
屋面层	维护结构	梁	压顶	体积
				模板
		柱	框架柱	同框架柱
			构造柱	同构造柱
		墙	砖女儿墙	体积
			混凝土女儿墙	体积
				模板
	室内结构		出气孔、烟筒等小型构件	体积
				数量
	室外构件		雨篷	同雨篷
			挑檐	同挑檐
	室内装修	平屋面	保护层	面积
			平面柔性防水	面积
			平面刚性防水	面积
			保温隔热层	面积
			屋面架空层	面积
			找平层	面积
		踢脚	防水上翻	面积
		墙面	女儿墙内墙面	面积
		斜屋面	防水层	面积
	室外装修	外墙面	女儿墙外墙面	面积
		压顶装修	压顶周边装修	面积

1.3.2.18　零星项目要计算哪些工程量（见表1-26）

表1-26　零星项目要计算的工程量

名　称	要计算哪些工程量		
零星项目	平整场地		面积
	基础回填土		体积
	余土外运		体积
	脚手架		面积
	落水管	水落管	长度
		水斗	数量
		水口	数量
		弯头	数量
	建筑面积		面积

思考与练习

1. 我们总结了多少构件？每个构件的名称是什么？
2. 按照自己的思路总结每个构件要计算哪些工程量？
3. 阳台包括哪些构件？每个构件要计算哪些工程量？

2　培训楼工程手工算量（以北京规则为例，见附图）

本章的学习目标

（1）通过案例学会建筑物要计算哪些工程量的思考方法。
（2）通过案例学会手工计算建筑物的工程量。

2.1　工程分层

按照1算量的思考方法，我们把这个工程（见附图）分成基础层、1层、2层、屋面层和零星项目。

2.2　每层包括哪些构件

2.2.1　基础层包括哪些构件

本图（见附图）基础层为满堂基础。

2.2.2　1层包括哪些构件

通过对图纸（见附图）进行分析，我们总结出1层包括以下构件（见表2-1）。

表2-1　1层包括的构件

名　称	六大块	1层包括哪些构件	
1层	围护结构		门窗
			过梁
		柱	框架柱
		梁	框架梁
		墙	外墙
			内墙
	顶部结构		板
	室内结构		楼梯
	室内装修	接待室	地面、墙裙、墙面、天棚
		图形培训室	地面、踢脚、墙面、天棚
		钢筋培训室	地面、踢脚、墙面、天棚
		楼梯间	地面、踢脚、墙面
	室外装修		外墙裙
			外墙面
	室外结构		台阶
			散水

2.2.3 2层包括哪些构件（见表2-2）

表2-2 2层包括的构件

名 称	六大块	2层包括哪些构件	
2层	围护结构		门窗
			过梁
		柱	框架柱
		梁	框架梁
		墙	外墙
			内墙
	顶部结构		板
	室内装修	会客室	地面、踢脚、墙面、天棚
		清单培训室	地面、踢脚、墙面、天棚
		预算培训室	地面、踢脚、墙面、天棚
		楼梯间	墙面、天棚
	室外装修		外墙面
	室外结构		阳台

2.2.4 屋面层包括哪些构件（见表2-3）

表2-3 屋面层包括的构件

名 称	六大块	屋面层包括哪些构件	
屋面层	外围结构		压顶
			女儿墙
			构造柱
	室内装修	地面	防水保护层
			防水层
			填充料上找平层
			保温层
			硬基层上找平层
			硬基层找平层
		踢脚	防水上翻
		墙面	女儿墙内装修
	室外装修	外墙面	女儿墙外装修
		压顶外装修	压顶周边装修
	室外结构		雨篷
			挑檐

2.2.5 零星项目包括哪些项目

零星项目包括：平整场地、水落管、回填土、余土外运等。

2.3 每个构件要计算哪些工程量

2.3.1 满堂基础要计算哪些工程量（见表2-4）

表2-4 满堂基础要计算的工程量

基础名称	要计算哪些工程量	
满堂基础	土方	土方体积
		基底夯实面积
	垫层	混凝土体积
		模板面积
	满堂基础	混凝土体积
		模板面积
	基梁	混凝土体积
		模板面积
	基柱	混凝土体积
		模板面积
	基础墙	体积
	回填土	回填土体积
	余土外运	余土外运体积

2.3.2 门窗工程要计算哪些工程量（见表2-5）

表2-5 门窗工程要计算的工程量

名 称	要计算哪些工程量	
门1	镶板门	门洞口面积
		数量
门2	胶合门	门洞口面积
		数量
门3	胶合门	门洞口面积
		数量
窗1	塑钢窗	门洞口面积
		数量
窗2	塑钢窗	门洞口面积
		数量
门联窗	塑钢门联窗	洞口面积
		数量
		门洞口面积
		窗洞口面积

2.3.3 过梁要计算哪些工程量（见表2-6）

表2-6 过梁要计算的工程量

名称	要计算哪些工程量	
过梁	过梁240	混凝土体积
		模板面积
	过梁180	混凝土体积
		模板面积
	过梁120	混凝土体积
		模板面积

2.3.4 柱子要计算哪些工程量（见表2-7）

表2-7 柱子要计算的工程量

名称	要计算哪些工程量	
柱	框柱37×37	框架柱体积
		框架柱模板
	框柱24×37	框架柱体积
		框架柱模板
	框柱24×24	框架柱体积
		框架柱模板

2.3.5 框梁要计算哪些工程量（见表2-8）

表2-8 框梁要计算的工程量

名称	要计算哪些工程量	
框梁	内墙框架梁	体积
		模板
	外墙框架梁	体积
		模板

2.3.6 墙要计算哪些工程量（见表2-9）

表2-9 墙要计算的工程量

名称	要计算哪些工程量	
墙	砖外墙	体积
	砖内墙	体积

2.3.7　板要计算哪些工程量（见表2-10）

表2-10　板要计算的工程量

名　称	要计算哪些工程量	
板	现浇板	体积
		模板面积

2.3.8　楼梯要计算哪些工程量（见表2-11）

表2-11　楼梯要计算的工程量

名　称	要计算哪些工程量	
楼梯	现浇楼梯	投影面积
		模板面积
		底部装修面积
	栏杆（栏板）	扶手长度
		油漆重量

2.3.9　1层内装修要计算哪些工程量（见表2-12）

表2-12　1层内装修要计算的工程量

名　称	要计算哪些工程量	
室内装修	接待室	房心回填土体积、混凝土垫层体积 块料地面面积、块料墙裙面积、抹灰墙面面积、天棚面积
	图形培训室	房心回填土体积、混凝土垫层体积 块料地面面积、块料踢脚长度、抹灰墙面面积、天棚面积
	钢筋培训室	房心回填土体积、混凝土垫层体积 块料地面面积、块料踢脚长度、抹灰墙面面积、天棚面积
	楼梯间	房心回填土体积、混凝土垫层体积 抹灰地面面积、抹灰踢脚长度、抹灰墙面面积

2.3.10　1层外装修要计算哪些工程量（见表2-13）

表2-13　1层外装修要计算的工程量

名　称	要计算哪些工程量	
室外装修	外墙裙	1层外墙块料面积
	外墙面	1层外墙块料面积

2.3.11 台阶要计算哪些工程量（见表2-14）

表2-14 台阶要计算的工程量

名　称	要计算哪些工程量
台阶	面积

2.3.12 散水要计算哪些工程量（见表2-15）

表2-15 散水要计算的工程量

名　称	要计算哪些工程量		
散水	散水垫层	C10混凝土垫层	体积
		垫层模板	模板面积
	散水面层	面层一次抹光	面积
	散水伸缩缝	贴墙伸缩缝	长度
		隔断伸缩缝	长度
		拐角伸缩缝	长度
		相邻伸缩缝	长度

2.3.13 2层内装修要计算哪些工程量（见表2-16）

表2-16 2层内装修要计算的工程量

名　称	要计算哪些工程量	
室内装修	清单培训室	地面、踢脚、墙面、天棚
	预算培训室	地面、踢脚、墙面、天棚
	会客室	地面、踢脚、墙面、天棚
	楼梯间	墙面、天棚

2.3.14 2层外装修要计算哪些工程量（见表2-17）

表2-17 2层外装修要计算的工程量

名　称	要计算哪些工程量		
外墙装修	外墙面	面砖墙面	抹灰面积

2.3.15 阳台要计算哪些工程量（见表2-18）

表2-18 阳台要计算的工程量

名　称	六大块	要计算哪些工程量		
阳台	围护结构	阳台栏板	混凝土	体积
				模板面积
	底部结构	阳台板	混凝土	体积
				模板面积
	内部装修	地面		抹灰面积
		踢脚	贴墙踢脚	贴墙抹灰踢脚长度
			栏板踢脚	栏板踢脚长度
		墙面	贴墙墙面	贴墙抹灰墙面面积
			栏板墙面	栏板墙面面积
		天棚	抹灰	阳台底板面积
	外部装修	栏板	外装修	栏板外装修面积
			顶装修	栏板顶部装修面积
		底板	外侧	底板外侧面积
	出水口			数量

2.3.16 屋面工程要计算哪些工程量（见表2-19）

表2-19 屋面工程要计算的工程量

名　称	六大块	要计算哪些工程量		
屋面层	围护结构		压顶	体积
				模板面积
			女儿墙	体积
			构造柱	体积
	室内装修	地面	保护层	平面面积
			防水层	平面面积
			填充料上找平层	平面面积
			保温层	体积
			硬基层上找平层	平面面积
		踢脚	防水上翻	上翻面积
		墙面	女儿墙内装修	面积
	室外装修	外墙面	女儿墙外装修	面积
		压顶外装修	压顶周边装修	面积
	室外结构	挑檐		见挑檐

2.3.17 挑檐要计算哪些工程量（见表 2-20）

表 2-20 挑檐要计算的工程量

名称	六大块	要计算哪些工程		
挑檐	围护结构	挑檐栏板	立板	立板体积
				立板模板
	底部结构	现浇	挑檐平板	体积
				模板
	内部装修	挑檐屋面	保护层	平面面积
			防水层	平面面积
			找平层	平面面积
		防水上翻		栏板内侧面积
		栏板内装修		栏板内装修面积
	外部装修	栏板	外装修	栏板外装修面积
			顶装修	栏板顶装修面积
		底板	外侧	底板外侧面积

2.3.18 零星项目要计算哪些工程量（见表 2-21）

表 2-21 零星项目要计算的工程量

名称	要计算哪些工程量	
零星项目	平整场地	面积
	落水管	长度或面积
	水斗	个数
	水口	个数
	弯头	个数
	建筑面积	面积
	综合脚手架	面积

思考与练习

1. 按照 1 算量的思考方法，本工程分成几层？
2. 请说出基础层包括哪些构件？每个构件要计算哪些工程量？

3. 请按六大块的思考方法分析屋面层要计算哪些工程量？
4. 室内装修的地面在屋面层里相当于什么？踢脚呢？墙面呢？

2.4 1层工程量计算

2.4.1 1层门窗工程量计算

2.4.1.1 1层门窗工程量分析

虽然门窗需要计算制作、运输、安装、油漆、五金等工程量，但这几种量最终都是门窗的面积，所以我们只要计算出各个门窗的面积即可。

2.4.1.2 1层手工计算门窗工程量

我们利用Excel表格计算门窗的工程量（见表2-22）。

表2-22 1层门窗工程量计算表

层	墙厚（m）	门窗名称	洞口宽（m）	洞口高（m）	离地高度（m）	数量（个）	面积合计（m^2）
1层	0.370	M-1	2.400	2.700		1	6.480
		C-1	1.500	1.800	0.900	4	10.800
		C-2	1.800	1.800	0.900	1	3.240
	0.240	M-2	0.900	2.400		2	4.320
		M-3	0.900	2.100		1	1.890

思考与练习

1. 1层门窗要计算哪些工程量？
2. 1层洞口面积和框外围面积有什么区别？

2.4.2 1层过梁工程量计算

2.4.2.1 1层过梁工程量分析

根据图纸要求：

（1）过梁体积

过梁长度＝洞口宽度＋500

过量宽度＝墙厚度

过梁高度，根据图纸给的高度计算

过梁体积＝过梁长度×过梁宽度×过梁高度

（2）过梁模板

过梁底模面积＝洞口宽度×墙厚

过梁侧模面积＝过梁长度×过梁高度×2

过梁模板面积＝过梁底模面积＋过梁侧模面积

2.4.2.2　1层手工计算过梁工程量（见表2-23）

表2-23　1层过梁工程量计算表

<table>
<tr><th>过　梁</th><th>墙厚
（m）</th><th>门　窗</th><th>洞宽
（m）</th><th>过梁高
（m）</th><th>过梁长
（m）</th><th>数量
（个）</th><th colspan="2">体积
（m^3）</th><th colspan="2">模板面积
（m^2）</th></tr>
<tr><td>GL24</td><td>0.37</td><td>M-1</td><td>2.4</td><td>0.24</td><td>2.9</td><td>1</td><td>0.258</td><td>0.258</td><td>2.28</td><td>2.28</td></tr>
<tr><td>GL18</td><td>0.37</td><td>C-1</td><td>1.5</td><td>0.18</td><td>2</td><td>4</td><td>0.533</td><td rowspan="2">0.686</td><td>5.1</td><td rowspan="2">6.594</td></tr>
<tr><td>GL18</td><td>0.37</td><td>C-2</td><td>1.8</td><td>0.18</td><td>2.3</td><td>1</td><td>0.153</td><td>1.494</td></tr>
<tr><td>GL12</td><td>0.24</td><td>M-2</td><td>0.9</td><td>0.12</td><td>1.4</td><td>2</td><td>0.081</td><td rowspan="2">0.121</td><td>1.104</td><td rowspan="2">1.656</td></tr>
<tr><td>GL12</td><td>0.24</td><td>M-3</td><td>0.9</td><td>0.12</td><td>1.4</td><td>1</td><td>0.04</td><td>0.552</td></tr>
</table>

2.4.3　1层框架柱工程量计算

2.4.3.1　1层框架柱工程量分析

根据图纸要求：

（1）框架柱体积

框架柱体积＝截面积×柱高

（2）框架柱模板

框架柱模板＝截面周长×柱高

2.4.3.2　1层框架柱工程量手工计算过程（见表2-24）

表2-24　1层框架柱工程量计算表

<table>
<tr><th>名　称</th><th colspan="2">计算公式</th><th>结　果</th><th>单　位</th></tr>
<tr><td rowspan="2">Z1－500×500</td><td>体积</td><td>0.5×0.5×3.6×4</td><td>3.6</td><td>m^3</td></tr>
<tr><td>模板面积</td><td>0.5×4×3.6×4</td><td>28.8</td><td>m^2</td></tr>
<tr><td rowspan="2">Z2－400×500</td><td>体积</td><td>0.4×0.5×3.6×4</td><td>2.88</td><td>m^3</td></tr>
<tr><td>模板面积</td><td>（0.4＋0.5）×2×3.6×4</td><td>25.92</td><td>m^2</td></tr>
<tr><td rowspan="2">Z3－400×400</td><td>体积</td><td>0.4×0.4×3.6×2</td><td>1.152</td><td>m^3</td></tr>
<tr><td>模板面积</td><td>0.4×4×3.6×2</td><td>11.52</td><td>m^2</td></tr>
</table>

2.4.4　1层框架梁工程量计算

2.4.4.1　1层框架梁工程量分析

（1）框架梁体积

外墙框架梁体积＝（外墙中心线－框架柱截面所占的长度）×外框架梁的截面面积

内墙框架梁体积＝（内墙净长线－框架柱截面所占的长度）×内框架梁的截面面积

（2）框架梁模板

外墙框架梁模板＝（外墙中心线－框架柱截面所占的长度）×（框架梁宽度＋框架梁高度×2－板厚）＋无板部分长度×板厚

内墙框架梁模板＝（内墙净长线－框架柱截面所占的长度）×[框架梁宽度＋（框架梁高度－板厚）×2]＋无板部分长度×板厚

2.4.4.2 1层框架梁工程量计算（梁按图纸名称计算）（见表2-25）

表2-25 1层框架梁工程量计算表

名　称		计算公式	结　果	单　位
KL1－370×500	体积	(11.1＋0.065×2)×0.37×0.5－(0.315×0.37×0.5×2＋0.4×0.37×0.5×2)	1.813	m^3
	模板面积	(11.1＋0.065×2－0.315×2－0.4×2)×(0.37＋0.5×2－0.1)＋(4.5－0.2×2)×0.1	12.856	m^2
KL2－370×500	体积	[(6＋0.065×2)×0.37×0.5－0.315×0.37×0.5×2]×2	2.035	m^3
	模板面积	[(6＋0.065×2－0.315×2)×(0.37＋0.5×2－0.1)]×2	13.97	m^2
KL3－370×500	体积	(11.1＋0.065×2)×0.37×0.5－(0.315×0.37×0.5×2＋0.4×0.37×0.5×2)	1.813	m^3
	模板面积	(11.1＋0.065×2－0.315×2－0.4×2)×(0.37＋0.5×2－0.1)	12.446	m^2
KL4－240×500	体积	[(6－0.12×2)×0.24×0.5－(0.13×0.24×0.5×2＋0.4×0.24×0.5)]×2	1.224	m^3
	模板面积	[(6－0.12×2－0.13×2－0.4)×[0.24＋(0.5－0.1)×2]＋(2.1－0.12×2－0.13－0.08)×0.1]×2	10.938	m^2
KL5－240×500	体积	(4.5－0.12×2)×0.24×0.5－0.08×0.24×0.5×2	0.492	m^3
	模板面积	(4.5－0.12×2－0.08×2)×(0.24＋0.5＋0.5－0.1)	4.674	m^2

2.4.4.3 1层框架梁工程量计算（梁按相同截面合计计算）（见表2-26）

表2-26 1层框架梁工程量计算表

名　称		计算公式	手　工	单　位
外墙中心线		(11.6－0.37)×2＋(6.5－0.37)×2＝34.72	34.72	m
内墙净长线		(6－0.12×2)×2＋4.5－0.12×2＝15.78	15.78	m
KL370×500	体积	34.72×0.37×0.5－(0.315×0.37×0.5×8＋0.4×0.37×0.5×4)	5.661	m^3
	模板面积	(34.72－0.315×8－0.4×4)×(0.37＋0.5×2－0.1)＋(4.5－0.2×2)×0.1	39.272	m^2
KL240×500	体积	15.78×0.24×0.5－0.13×0.24×0.5×4－0.4×0.24×0.5×2－0.08×0.24×0.5×2	1.716	m^3
	模板面积	(15.78－0.13×4－0.4×2－0.08×2)×[0.24＋(0.5－0.1)×2]＋(4.5－0.2×2)×0.1＋(2.1－0.25－0.2)×0.1×2	15.612	m^2

思考与练习

1. 1层框架梁要计算哪些工程量？

2. 软件是如何计算1层框架梁的体积和模板的？

2.4.5 1层墙体工程量计算

2.4.5.1 1层墙体工程量分析

（1）外墙体积

外墙体积＝(外墙中心线×外墙高度×外墙厚度－外墙门窗洞口面积×外墙厚度－外墙过梁体积－外墙框架柱体积－外墙框架梁体积)×0.365/0.37

注：370墙按照365墙计算。

（2）内墙体积

内墙体积＝内墙净长线×内墙高度×内墙宽度－内墙门窗洞口×内墙厚度－内墙过梁体积－内墙框架柱体积－内墙框架梁体积

2.4.5.2 1层墙体工程量计算

（1）1层外墙工程量计算（370墙体积）（见表2-27）

表2-27 1层外墙工程量计算表

名 称	计算公式	结 果	单 位
总体积	34.72×3.6×0.365	45.622	m^3
门窗体积	(10.8+3.24+6.48)×0.365	7.49	m^3
过梁体积	0.258+0.533+0.153	0.944	m^3
框架柱体积	[(0.5×0.5－0.13×0.13)×4+(0.4×0.37×4)]×3.6	5.488	m^3
框架梁体积	5.661	5.661	m^3
净体积	45.622－7.49(门窗体积)－0.944(过梁体积)－5.488(框架柱)－5.661(框架梁)	26.039	m^3

（2）1层内墙工程量计算（240墙体积）（见表2-28）

表2-28 1层内墙工程量计算表

名 称	计算公式	结 果	单 位
总体积	15.78×0.24×3.6	13.634	m^3
门窗体积	(4.32+1.89)×0.24	1.49	m^3
过梁体积	0.081+0.04	0.121	m^3
框架柱体积	0.13×0.24×4×3.6+0.24×0.4×2×3.6+0.08×0.24×2×3.6	1.279	m^3
框架梁体积	1.716	1.716	m^3
净体积	13.634－1.49－0.121－1.279－1.716	9.028	m^3

2.4.6 1层板工程量计算

2.4.6.1 1层板工程量分析

按照北京地区的计算规则，有梁板按梁与梁之间的净尺寸计算，也就是计算净体积。楼板的模板工程量按图示尺寸以m^2计算。

2.4.6.2　1层手工计算板的工程量（见表2-29）

表2-29　1层板工程量计算表

名　称		计算公式	结　果	单　位
图形培训室	体积	(3.3 − 0.24) × (6 − 0.24) × 0.1	1.763	m^3
	模板面积	(3.3 − 0.24) × (6 − 0.24) − 0.13 × 0.13 × 2 − 0.13 × 0.08 × 2 − 0.08 × 0.4	17.539	m^2
钢筋培训室	体积	(3.3 − 0.24) × (6 − 0.24) × 0.1	1.763	m^3
	模板面积	(3.3 − 0.24) × (6 − 0.24) − 0.13 × 0.13 × 2 − 0.13 × 0.08 × 2 − 0.08 × 0.4	17.539	m^2
接待室	体积	(4.5 − 0.24) × (3.9 − 0.24) × 0.1	1.559	m^3
	模板面积	(4.5 − 0.24) × (3.9 − 0.24) − 0.08 × 0.08 × 2 − 0.13 × 0.08 × 2	15.558	m^2
合计	体积		5.085	m^3
	模板面积		50.636	m^2

2.4.7　1层楼梯工程量计算

2.4.7.1　1层楼梯工程量规则分析

1层楼梯工程量计算按墙内皮的投影面积计算。

2.4.7.2　1层楼梯工程量计算

$$楼梯 = (4.5 - 0.24) \times (2.1 - 0.24) = 7.924m^2$$

1层楼梯混凝土、楼梯模板和楼梯装修各为7.924m^2。

思考与练习

1. 按照当地规则说出：1层楼梯的混凝土工程量如何计算？1层楼梯的模板工程量如何计算？

2. 1层楼梯的装修面积如何计算？1层楼梯底部装修如何计算？

3. 1层楼梯的块料装修工程量如何计算？

2.4.8　1层台阶工程量计算

2.4.8.1　1层台阶手工计算

$$台阶面积 = 3.9 \times 1.6 = 6.24m^2$$

2.4.9 1层散水工程量计算

2.4.9.1 1层散水手工计算（见表2-30）

表2-30 1层散水工程量计算表

名称		计算公式	结果	单位
散水	面积	[(11.6+0.55+6.5+0.55)×2-3.9]×0.55	18.975	m^2
	垫层体积	18.975×0.08	1.518	m^3
	垫层模板面积	[(11.6+0.55×2+6.5+0.55×2)×2-3.9]×0.08	2.936	m^2
	贴墙伸缩缝	11.6×2+6.5×2	36.2	m
	割断伸缩缝	0.55	0.55	m
	拐角伸缩缝	0.55×1.414×4	3.111	m
	相邻伸缩缝	0.55×2	1.1	m

2.4.10 1层室内装修工程量计算

2.4.10.1 1层接待室装修工程量计算（见表2-31）

表2-31 1层接待室装修工程量计算表

名称		计算公式	结果	单位
接待室	地面积	(4.5-0.12×2)×(3.9-0.12×2)	15.592	m^2
	块料地面积	(4.5-0.12×2)×(3.9-0.12×2)+0.9×0.12×3+2.4×0.185-0.08×0.08×2-0.08×0.13×2	16.326	m^2
	块料墙裙面积	[(4.5-0.12×2)×2+(3.9-0.12×2)×2-0.9×3-2.4+0.12×6+0.185×2]×1.2	14.196	m^2
	墙面抹灰面积	[(4.5-0.12×2)×2+(3.9-0.12×2)×2]×(3-1.2+0.2)-0.9×(2.4-1.2)×2-0.9×(2.1-1.2)-2.4×(2.7-1.2)	25.11	m^2
	吊顶面积	(4.5-0.12×2)×(3.9-0.12×2)	15.592	m^2

2.4.10.2 1层图形培训室装修工程量计算（见表2-32）

表2-32 1层图形培训室装修工程量计算表

名称		计算公式	结果	单位
图形培训室	地面积	(3.3-0.12×2)×(6-0.12×2)	17.626	m^2
	块料地面积	(3.3-0.24)×(6-0.24)+0.9×0.12-0.13×0.13×2-0.13×0.08×2-0.08×0.4	17.647	m^2
	块料踢脚长度	(3.3-0.12×2)×2+(6-0.12×2)×2-0.9+0.12×2+0.08×2	17.14	m
	墙面抹灰面积	[(3.3-0.12×2)×2+(6-0.12×2)×2]×(3.6-0.1)-0.9×2.4-1.5×1.8×2+0.08×2×3.5	54.74	m^2
	天棚抹灰面积	(3.3-0.12×2)×(6-0.12×2)	17.626	m^2

2.4.10.3　1层钢筋培训室装修工程量计算（见表2-33）

表2-33　1层钢筋培训室装修工程量计算表

名　称		计算公式	结　果	单　位
钢筋培训室	地面积	(3.3−0.12×2)×(6−0.12×2)	17.626	m^2
	块料地面积	(3.3−0.24)×(6−0.24)+0.9×0.12−0.13×0.13×2−0.13×0.08×2−0.08×0.4	17.647	m^2
	块料踢脚长度	(3.3−0.12×2)×2+(6−0.12×2)×2−0.9+0.12×2+0.08×2	17.14	m
	墙面抹灰面积	[(3.3−0.12×2)×2+(6−0.12×2)×2]×(3.6−0.1)−0.9×2.4−1.5×1.8×2+0.08×2×3.5	54.74	m^2
	天棚抹灰面积	(3.3−0.12×2)×(6−0.12×2)	17.626	m^2

2.4.10.4　1层楼梯间装修工程量计算（见表2-34）

表2-34　1层楼梯间装修工程量计算表

名　称		计算公式	结　果	单　位
楼梯间	地面积	(4.5−0.12×2)×(2.1−0.12×2)	7.924	m^2
	抹灰踢脚长度	(4.5−0.12×2)×2+(2.1−0.12×2)×2	12.24	m
	墙面抹灰面积	[(4.5−0.12×2)×2+(2.1−0.12×2)×2]×3.6−1.8×1.8−0.9×2.1	38.934	m^2

思考与练习

地面积和块料地面积有什么区别？抹灰踢脚长度和块料踢脚长度有什么区别？

2.4.11　1层室外装修工程量计算

2.4.11.1　1层外墙装修手工计算(见表2-35)

表2-35　1层外墙装修工程量计算表

名　称		计算公式	结　果	单　位
外墙	外周长	(11.6+6.5)×2	36.2	m
	裙块料面积	36.2×0.9−2.4×(0.9−0.45)(扣M−1面积)+0.45×0.185×2(加M-1侧壁)−3.9×0.15−3.3×0.15−2.7×0.15(扣台阶所占的面积)	30.182	m^2
	面块料面积	36.2×(3.6+0.45−0.9)−1.8×1.5×4(扣C-1面积)−1.8×1.8(扣C-2面积)−2.4×(2.7−0.45)(扣M-1面积)+(1.8+1.5)×2×0.185×4(加C-1侧壁)+1.8×4×0.185(加C-2侧壁)+[2.4+(2.7−0.45)×2]×0.185(加M-1侧壁)	102.083	m^2

思考与练习

1 层散水要计算哪些工程量？

2.5 2层工程量计算

2.5.1 2层门窗工程量计算（见表2-36）

表2-36 2层门窗工程量计算表

墙厚	门窗名称		洞口宽（m）	洞口高（m）	窗宽（m）	离地高度（m）	数量（个）	面积合计（m^2）
0.37	MC－1		2.4	2.7	1.5	0.9	1	5.13
	其中	窗面积		1.8	1.5	0.9		2.7
		门面积	0.9	2.7				2.43
	C－1		1.5	1.8		0.9	4	10.8
	C－2		1.8	1.8		0.9	1	3.24
0.24	M－2		0.9	2.4			2	4.32
	M－3		0.9	2.1			1	1.89

2.5.2 2层过梁工程量计算（见表2-37）

表2-37 2层过梁工程量计算表

过梁	墙厚（m）	门窗	洞宽（m）	过梁高（m）	过梁长（m）	数量（个）	体积（m^3）		模板面积（m^2）	
GL24	0.37	M－1	2.4	0.24	2.9	1	0.258	0.258	2.28	2.28
GL18	0.37	C－1	1.5	0.18	2	4	0.533	0.686	5.1	6.594
GL18	0.37	C－2	1.8	0.18	2.3	1	0.153		1.494	
GL12	0.24	M－2	0.9	0.12	1.4	2	0.081	0.121	1.104	1.656
GL12	0.24	M－3	0.9	0.12	1.4	1	0.04		0.552	

2.5.3 2层框架柱工程量计算（见表2-38）

表2-38 2层框架柱工程量计算表

名称	计算公式		结果	单位
Z1－500×500	体积	0.5×0.5×3.6×4	3.6	m^3
	模板面积	0.5×4×3.6×4	28.8	m^2
Z2－400×500	体积	0.4×0.5×3.6×4	2.88	m^3
	模板面积	（0.4＋0.5）×2×3.6×4	25.92	m^2
Z3－400×400	体积	0.4×0.4×3.6×2	1.152	m^3
	模板面积	0.4×4×3.6×2	11.52	m^2

2.5.4 2层框架梁工程量计算

2.5.4.1 2层框架梁工程量计算（框架梁按图纸名称计算）（见表2-39）

表2-39 2层框架梁工程量计算表

名称		计算公式	结果	单位
KL1 - 370×650	体积	(11.1 + 0.065×2)×0.37×0.65 - (0.315×0.37×0.65×2 + 0.4×0.37×0.65×2)	2.357	m^3
	模板面积	(11.1 + 0.065×2 - 0.315×2 - 0.4×2)×(0.37 + 0.65×2 - 0.1)	15.386	m^2
KL2 - 370×650	体积	(6 - 0.25×2)×0.37×0.65)×2	2.6455	m^3
	模板面积	[(6 + 0.065×2 - 0.315×2)×(0.37 + 0.65×2 - 0.1)]×2	17.27	m^2
KL3 - 370×650	体积	(11.1 + 0.065×2)×0.37×0.65 - (0.315×0.37×0.65×2 + 0.4×0.37×0.65×2)	2.357	m^3
	模板面积	(11.1 + 0.065×2 - 0.315×2 - 0.4×2)×(0.37 + 0.65×2 - 0.1)	15.386	m^2
KL4 - 240×500	体积	[(6 - 0.12×2)×0.24×0.5 - (0.13×0.24×0.5×2 + 0.4×0.24×0.5)]×2	1.224	m^3
	模板面积	(6 - 0.12×2 - 0.13×2 - 0.4)×[0.24 + (0.5 - 0.1)×2]×2	10.608	m^2
KL5 - 240×500	体积	(4.5 - 0.12×2)×0.24×0.5 - 0.08×0.24×0.5×2	0.492	m^3
	模板面积	(4.5 - 0.12×2 - 0.08×2)×[0.24 + (0.5 - 0.1)×2]	4.264	m^2

2.5.4.2 2层框架梁工程量计算（框架梁按相同截面合计计算）（见表2-40）

表2-40 2层框架梁工程量计算表

名称		计算公式	手工	单位
外墙中心线	长度	(11.6 - 0.37)×2 + (6.5 - 0.37)×2	34.72	m
内墙净长线	长度	(6 - 0.12×2)×2 + 4.5 - 0.12×2	15.78	m
KL370×650	体积	34.72×0.37×0.65 - (0.315×0.37×0.65×8 + 0.4×0.37×0.65×4)	7.359	m^3
	模板面积	(34.72 - 0.315×8 - 0.4×4)×(0.37 + 0.65×2 - 0.1)	48.042	m^2
KL240×500	体积	15.78×0.24×0.5 - 0.13×0.24×0.5×4 - 0.4×0.24×0.5×2 - 0.08×0.24×0.5×2	1.716	m^3
	模板面积	(15.78 - 0.13×4 - 0.4×2 - 0.08×2)×[0.24 + (0.5 - 0.1)×2]	14.872	m^2

思考与练习

2 层圈梁与框架梁有什么区别?

2.5.5 2 层墙体工程量计算

(1) 2 层外墙工程量计算（370 墙体积）(见表 2-41)

表 2-41 2 层外墙工程量计算表

计算公式		结果	单位
总体积	34.72 ×3.6 ×0.37 ×0.365/0.37	45.622	m^3
门窗体积	(10.8 +3.24 +5.13) ×0.37 ×0.986	6.994	m^3
过梁体积	0.258 +0.533 +0.153	0.944	m^3
框架柱体积	[(0.5 ×0.5 -0.13 ×0.13) ×4 +(0.4 ×0.37 ×4)] ×3.6	5.488	m^3
框架梁体积	7.359	7.359	m^3
净体积	45.622 -6.994(门窗体积) -0.944(过梁体积) -5.488(框架柱) -7.359(框架梁)	24.837	m^3

(2) 2 层内墙工程量计算（240 墙体积）(见表 2-42)

表 2-42 2 层内墙工程量计算表

计算公式		结果	单位
总体积	15.78 ×0.24 ×3.6	13.634	m^3
门窗体积	(4.32 +1.89) ×0.24	1.49	m^3
过梁体积	0.081 +0.04	0.121	m^3
框架柱体积	0.13 ×0.24 ×4 ×3.6 +0.24 ×0.4 ×2 ×3.6 +0.08 ×0.24 ×2 ×3.6	1.279	m^3
框架梁体积	1.716	1.716	m^3
净体积	13.634 -1.49 -0.121 -1.279 -1.716	9.028	m^3

2.5.6 2层板工程量计算（见表2-43）

表2-43 2层板工程量计算表

名称		计算公式	结果	单位
清单培训室	体积	(3.3−0.24)×(6−0.24)×0.1	1.763	m^3
	模板面积	(3.3−0.24)×(6−0.24)−0.13×0.13×2−0.13×0.08×2−0.08×0.4	17.539	m^2
预算培训室	体积	(3.3−0.24)×(6−0.24)×0.1	1.763	m^3
	模板面积	(3.3−0.24)×(6−0.24)−0.13×0.13×2−0.13×0.08×2−0.08×0.4	17.539	m^2
会客室	体积	(4.5−0.24)×(3.9−0.24)×0.1	1.559	m^3
	模板面积	(4.5−0.24)×(3.9−0.24)−0.08×0.08×2−0.13×0.08×2	15.558	m^2
楼梯间	体积	(2.1−0.24)×(4.5−0.24)×0.1	0.792	m^3
	模板面积	(2.1−0.24)×(4.5−0.24)−0.13×0.08×2−0.08×0.08×2	7.89	m^2
合计	体积		5.877	m^3
	模板面积		58.526	m^2

2.5.7 2层阳台工程量计算（见表2-44）

表2-44 2层阳台工程量计算表

名称		计算公式	结果	单位
栏板	体积	[(1.2−0.03)×2+4.5]×0.06×0.9	0.369	m^3
	模板面积	[(1.2−0.03)×2+4.5]×2×0.9	12.312	m^2
	顶面积	[(1.2−0.03)×2+4.5]×0.06	0.4104	m^2
阳台板	体积	4.56×1.2×0.1	0.547	m^3
	板面积	4.56×1.2	5.472	m^2
	板侧面积	(1.2×2+4.56)×0.1	0.696	m^2
	地面积	(4.56−0.06×2)×(1.2−0.06)	5.062	m^2
	内装修	[(4.56−0.06×2)+(1.2−0.06)×2]×0.9	6.048	m^2
	外装修	6.96×0.9	6.264	m^2
出水口			1	个

思考与练习

按照当地规则说出阳台对外墙装修有没有影响？雨篷呢？挑檐呢？

2.5.8 2层室内装修工程量计算

2.5.8.1 2层清单培训室装修工程量计算（见表2-45）

表2-45 2层清单培训室装修工程量计算表

名称	计算公式		结果	单位
清单培训室	地面积	(3.3−0.12×2)×(6−0.12×2)	17.626	m^2
	踢脚抹灰长度	(3.3−0.12×2)×2+(6−0.12×2)×2	17.64	m
	墙面抹灰面积	[(3.3−0.12×2)×2+(6−0.12×2)×2]×(3.6−0.1)−1.5×1.8×2−0.9×2.4+0.08×2×3.5	54.74	m^2
	天棚抹灰面积	(3.3−0.12×2)×(6−0.12×2)	17.626	m^2

2.5.8.2 2层预算培训室装修工程量计算（见表2-46）

表2-46 2层预算培训室装修工程量计算表

名称	计算公式		结果	单位
预算培训室	地面积	(3.3−0.12×2)×(6−0.12×2)	17.626	m^2
	踢脚抹灰长度	(3.3−0.12×2)×2+(6−0.12×2)×2	17.64	m
	墙面抹灰面积	[(3.3−0.12×2)×2+(6−0.12×2)×2]×(3.6−0.1)−1.5×1.8×2−0.9×2.4+0.08×2×3.5	54.74	m^2
	天棚抹灰面积	(3.3−0.12×2)×(6−0.12×2)	17.626	m^2

2.5.8.3 2层会客室装修工程量计算（见表2-47）

表2-47 2层会客室装修工程量计算表

名称	计算公式		结果	单位
会客室	块料地面积	(4.5−0.12×2)×(3.9−0.12×2)+0.9×0.12×3+0.9×0.37/2−0.08×0.08×2−0.08×0.13×2	16.049	m^2
	块料踢脚长度	[(4.5−0.12×2)×2+(3.9−0.12×2)×2]−0.9×4+0.12×6+0.185×2	13.33	m^3
	墙面抹灰面积	[(4.5−0.12×2)×2+(3.9−0.12×2)×2]×(3.6−0.1)−0.9×2.4×2−0.9×2.1−2.4×2.7+0.9×1.5	44.1	m^2
	天棚抹灰面积	(4.5−0.12×2)×(3.9−0.12×2)	15.592	m^2

2.5.8.4 2层楼梯间装修工程量计算（见表2-48）

表2-48 2层楼梯间装修工程量计算表

名称	计算公式		结果	单位
楼梯间	天棚抹灰面积	(4.5−0.12×2)×(2.1−0.12×2)	7.924	m^2
	墙面抹灰面积	[(4.5−0.12×2)×2+(2.1−0.12×2)×2]×(3.6−0.1)−1.8×1.8−0.9×2.1	37.71	m^2

2.5.9　2层外墙装修工程量计算

2.5.9.1　2层外墙装修工程量计算（见表2-49）

表2-49　2层外墙装修工程量计算表

名称		计算公式	结果	单位
	外周长	(11.6 + 6.5) × 2	36.2	m
外墙	块料面积	36.2 × 3.6 − 1.8 × 1.5 × 4(扣C−1面积) − 1.8 × 1.8(扣C−2面积) − (2.4 × 2.7 − 0.9 × 1.5)(扣MC−1面积) + (1.8 + 1.5) × 2 × 0.185 × 4(加C−1侧壁) + 1.8 × 4 × 0.185(加C−2侧壁) + (2.4 + 2.7 × 2 + 1.5) × 0.185(加M−1侧壁)	119.087	m^2

2.6　屋面层工程量计算

2.6.1　围护结构工程量计算（见表2-50）

表2-50　围护结构计算表

名称		计算公式	结果	单位
压顶	体积	35.24 × 0.3 × 0.06 − 0.24 × 0.24 × 0.06 × 8	0.607	m^3
	模板面积	35.24 × 2 × 0.09	6.343	m^2
	周边抹灰	35.24 × (0.3 + 0.3 + 0.06 + 0.06 − 0.24)	16.915	m^2
构造柱	体积	(0.24 × 0.24 + 0.24 × 0.03 × 2) × 0.6 × 8	0.346	m^3
	模板面积	[(0.24 + 0.06) × 8 + (0.24 + 0.06 × 2) × 8 + 0.06 × 8] × 0.6	3.456	m^2
女儿墙	体积	35.24 × 0.24 × 0.6 − 0.346 − (35.24 − 0.24 × 8) × 0.24 × 0.06	4.249	m^3

2.6.2　挑檐工程量计算（见表2-51）

表2-51　挑檐工程量计算表

名称		计算公式	结果	单位
挑檐栏板	体积	41.96 × 0.2 × 0.06	0.504	m^3
	模板面积	41.96 × 0.2 × 2	16.784	m^2
	顶面积	41.96 × 0.06	2.518	m^2
挑檐板	体积	[(11.1 + 6) × 2 + 8 × 0.55] × 0.6 × 0.1 + 4.56 × 0.6 × 0.1	2.5896	m^3
	板面积	[(11.1 + 6) × 2 + 8 × 0.55] × 0.6 + 4.56 × 0.6	25.896	m^2
	底板侧面积	[(11.1 + 6) × 2 + 8 × 0.85 + 0.6 × 2] × 0.1	4.22	m^2
	栏板内装	[(11.1 + 6) × 2 + 8 × 0.79 + 0.6 × 2] × 0.2	8.344	m^2
	栏板外装	[(11.1 + 6) × 2 + 8 × 0.85 + 0.6 × 2] × 0.2	8.44	m^2
挑檐屋面	平面	[(11.1 + 6) × 2 + 8 × 0.55] × 0.6 + 4.56 × 0.6 − 41.96 × 0.06	23.38	m^2
	立面	[(11.1 + 6) × 2 + 8 × 0.25] × 0.25 + [(11.1 + 6) × 2 + 8 × 0.79 + 0.6 × 2] × 0.2	17.394	m^2

2.6.3 屋面及其装修工程量计算

2.6.3.1 手工计算过程（见表2-52）

表2-52 屋面手工工程量计算表

名称			计算公式	结果	单位
板顶屋面	平面	面积	(11.1 +0.01 ×2) ×(6 +0.01 ×2)	66.942	m^2
	立面	卷边面积	(11.1 +0.01 ×2 +6 +0.01 ×2) ×2 ×0.25	8.57	m^2

2.6.3.2 女儿墙内装修

$$(11.1 + 0.01 \times 2 + 6 \times 0.01 \times 2) \times 2 \times 0.54 = 18.511\text{m}^2$$

2.6.4 屋面层外墙装修工程量计算

$$\text{屋面外装修面积} = (11.6 + 6.5) \times 2 \times 0.54 = 19.548\text{m}^2$$

2.7 基础层工程量计算

2.7.1 满堂基础工程量计算

2.7.1.1 满堂基础工程量计算（基础梁按图纸名称计算）（见表2-53）

表2-53 满堂基础工程量计算表

名称			计算公式	结果	单位
挖土方		体积	[11.1 +(0.6 +0.3) ×2] ×[6 +(0.6 +0.3) ×2] ×1.15	115.713	m^3
		底面	[11.1 +(0.6 +0.3) ×2] ×[6 +(0.6 +0.3) ×2]	100.62	m^2
垫层		体积	(11.1 +0.6 ×2) ×(6 +0.6 ×2) ×0.1	8.856	m^3
		模板面积	[(11.1 +6) ×2 +0.6 ×8] ×0.1	3.9	m^2
		底面积	(11.1 +0.6 ×2) ×(6 +0.6 ×2)	88.56	m^2
基础		体积	(11.1 +0.5 ×2) ×(6 +0.5 ×2) ×0.2 +8.186	25.126	m^3
		模板面积	[(11.1 +0.5 ×2) ×2 +(6 +0.5 ×2) ×2] ×0.2	7.64	m^2
基础梁	JL1 – 500 ×500	体积	11.1 ×0.5 ×0.2 ×2	2.22	m^3
		模板面积	11.1 ×4 ×0.2	8.88	m^2
	JL2 – 500 ×500	体积	6 ×0.5 ×0.2 ×2	1.2	m^3
		模板面积	6 ×4 ×0.2	4.8	m^2
	JL3 – 400 ×500	体积	(6 –0.25 ×2) ×0.4 ×0.2 ×2	0.88	m^3
		模板面积	(6 –0.25 ×2) ×4 ×0.2	4.4	m^2
	JL4 – 400 ×500	体积	(4.5 –0.2 ×2) ×0.4 ×0.2	0.327	m^3
		模板面积	(4.5 –0.2 ×2) ×2 ×0.2	1.64	m^2

续表

名称			计算公式	结果	单位
基础柱	JZ 500×500	体积	0.5×0.5×1×4	1	m^3
		土下体积	0.5×0.5×0.55×4	0.55	m^3
		模板面积	0.5×1×4×4	8	m^2
	JZ 400×500	体积	0.4×0.5×1×4	0.8	m^3
		土下体积	0.4×0.5×0.55×4	0.44	m^3
		模板面积	(0.4×1×2+0.5×1×2)×4	7.2	m^2
	JZ 400×400	体积	0.4×0.4×1×2	0.32	m^3
		土下体积	0.4×0.4×0.55×2	0.176	m^3
		模板面积	0.4×1×4×2	3.2	m^2
基础墙	37 墙室内外高差部分	体积	[(11.1+0.065×2)×2+(6+0.065×2)]×2−0.4×4−0.315×8×0.365×0.45=5.026	11.17	m^3
	37 墙地坪以下部分	体积	[(11.1+0.065×2)×2+(6+0.065×2)]×2−0.4×4−0.315×8×0.365×0.55=6.143		m^3
	24 墙室内外高差部分	体积	[(6−0.12×2)×2+(4.5−0.12×2)−0.4×2−0.13×4−0.08×2]×0.24×0.45=1.544	3.432	m^3
	24 墙地坪以下部分	体积	[(6−0.12×2)×2+(4.5−0.12×2)−0.4×2−0.13×4−0.08×2]×0.24×0.55=1.888		m^3
回填		体积	115.713−8.856−25.126−(2.22+1.2+0.88+0.328)−(0.55+0.44+0.176)−(6.143+1.888)	67.91	m^3
余土		体积	8.856+25.126+(2.22+1.2+0.88+0.328)+(0.55+0.44+0.176)+(6.143+1.888)	47.81	m^3

2.7.1.2 基础工程量计算（基础梁按相同截面合并计算）（见表2-54）

表 2-54 基础工程量计算表

名称			计算公式	结果	单位
基础梁	JL500×500	体积	(11.1+6)×2×0.5×0.2	3.42	m^3
		模板面积	(11.1+6)×2×2×0.2	13.68	m^2
	JL400×500	体积	[(6−0.25×2)×2+(4.5−0.2×2)]×0.4×0.2	1.208	m^3
		模板面积	[(6−0.25×2)×2+(4.5−0.2×2)]×2×0.2	6.04	m^2

思考与练习

满堂基础要计算哪些工程量?

2.8　零星项目工程量计算

2.8.1　平整场地

2.8.1.1　计算规则分析

按照北京规则平整场地 = 1 层建筑面积 ×1.4

2.8.1.2　手工计算过程

$$平整场地 = 11.6 \times 6.5 \times 1.4 = 105.56m^2$$

2.8.2　水落管

2.8.2.1　计算规则分析

水落管按长度计算，由檐底算至室外地坪；弯头和水斗按个数计算。

2.8.2.2　手工计算过程

$$水落管长度 = (7.1 + 0.45) \times 4 = 30.2m$$

2.8.3　建筑面积

2.8.3.1　首层建筑面积

$$首层建筑面积 = 11.6 \times 6.5 = 75.4m^2$$

2.8.3.2　2 层建筑面积

$$2 层建筑面积 = 11.6 \times 6.5 + 2.736 = 78.136m^2$$

2.8.4　脚手架

2.8.4.1　综合脚手架

$$综合脚手架 = 75.4 + 78.136 = 153.536m^2$$

3 广联达图形软件应用

本章的学习目标

（1）掌握软件的基本操作流程。
（2）通过案例学会用软件计算建筑物的工程量。
（3）通过案例学会测试广联达图形算量软件。
（4）通过案例学会怎样利用将软件算好的量进行定额组价和清单组价方法。

3.1 软件操作基本流程

3.1.1 进入软件

3.1.1.1 进入软件：左键双击图形8.0图标—点新建向导—填写工程名称（自己起）。

3.1.1.2 选择模式：点定额模式（或清单模式）—选择定额规则（自己选）—选择定额库（自己选）。

3.1.1.3 填写相关信息：点下一步—工程信息页不用填写—点下一步—编制信息页不用填写—点下一步—填写“室外地坪相对标高”为“-0.45（或根据图纸填写其他数据）”—填写外墙裙高度“900（或根据图纸填写其他数据）”—点下一步—点完成。

3.1.2 建立楼层

3.1.2.1 新建楼层：点楼层管理—点添加楼层多次（点击次数为图纸楼层-2，因为软件默认基础层和首层）。

3.1.2.2 如何建立地下室楼层：如果有地下室修改楼层编号最高层为相应的负数（原则：不能出现不连续层现象）。

3.1.2.3 楼层排序：点楼层排序，软件会自动将楼层按从低到高的顺序排列。

3.1.2.4 修改层高：根据图纸修改各层的层高。注意层高的单位为m。

3.1.3 建立轴网

点绘图输入—点轴线—双击轴网—点新建—点下开间—输入轴距*xx*—敲回车—输入轴距*xx*—敲回车—根据图纸输完为止—点左进深—输入轴距*xx*—敲回车—再输入轴距*xx*—根据图纸输完为止—点确定—点选择—点确定（根据图纸填写相应的角度）。

3.1.4 建立构件

以墙为例：点墙—双击普通墙—点新建—改名称为37墙—改厚度为370—点构件做法—编码输入q—项目名称填写37墙50号混浆体积—单位选择m^3—双击工程量表达式“…”—双击“TJ”—点确定（其他构件建立方法相同）。

3.1.5 绘制构件

绘制构件有点式画法、线型画法和面式画法三种，下面分别介绍。

3.1.5.1 点式画法介绍

（1）点式画法包括哪些构件

点式画法的构件包括柱子、门窗洞口、独立基础、桩、承台等构件。

（2）以柱为例子介绍点式构件的画法

下面介绍的画法除门窗洞口外，对点式画法的构件均可使用。

①不偏移柱子的画法

定义完柱的截面、钢筋信息后，左键单击“选择构件”键退出，直接在轴网上找某个交点，点上。

②偏移柱子的画法

定义完柱的截面、钢筋信息后，左键单击“选择构件”键退出，然后同时按住“ctrl”和点轴网上的某个交点，出现“柱偏移”对话框，输入偏移值，确定，这样偏移的柱子就画上了。

③修改已经画好的柱子

柱子已经画上了，但要修改它的钢筋信息时，首先选中柱子，点击鼠标右键，打开“构件属性编辑器”，这时就可以修改钢筋信息了。

④对齐功能介绍

柱子靠墙边，按上述步骤画完柱子，点击鼠标右键，再点击鼠标左键选中柱，点击右键，然后左键单击“设置柱靠墙边”，鼠标左键选择墙，按鼠标左键指定柱墙平齐的一侧方向。

柱子靠梁边，同柱靠墙边。

⑤柱子旋转

左键单击“旋转点”键，按鼠标左键指定插入点，再按鼠标左键指定第二点确定角度。

3.1.5.2 线型画法介绍

（1）线型画法包括哪些构件

线型画法包括墙、梁、条形基础等构件。

（2）以梁为例子介绍线型构件的画法

①不偏移梁的画法

定义完梁的截面、构件做法后，左键单击“选择构件”键退出，按鼠标左键指定第一个端点，再按鼠标左键指定下一个端点，按右键中止。

②对齐功能介绍

梁靠柱边的情况：按上述步骤画完梁，点击鼠标右键，再点击鼠标左键选中梁，点击右键，然后左键单击“设置梁靠柱边”，鼠标左键选择柱，按鼠标左键指定梁柱平齐的一侧方向。

梁靠墙边的情况：同梁靠柱边操作。

3.1.5.3 面式画法介绍

（1）面式画法包括哪些构件

面式画法包括的构件有板、满堂基础、满基垫层、大开挖等软件构件。

（2）以板为例介绍面式构件的画法

①“点”画板

左键单击“点”画法按钮，在已经画好梁（或墙）的封闭区域单击鼠标左键，右键结束。

②折线画板

左键单击“折线”画法，用鼠标左键点需要的点成一个封闭图形，右键结束。

③矩形画板

左键单击“矩形”画法，用鼠标左键点矩形的一个角，再点这个角的对角，右键结束。

④板整体偏移功能介绍

用鼠标左键选某一块板，点右键选择“偏移”按钮，选择“整体偏移”，点确定，在此板外（或内）点一下鼠标左键，填写相应的偏移值，点确定，右键结束。

思考与练习

1. 从进入软件到开始画构件需要经历哪些步骤？
2. 请说出点式画法包括哪些构件？
3. 请说出线型画法包括哪些构件？
4. 请说出面式画法包括哪些构件？

3.2 培训楼工程软件算量

3.2.1 手工算量和软件算量的关系

下面以墙为例说明手工算量与软件算量的关系。

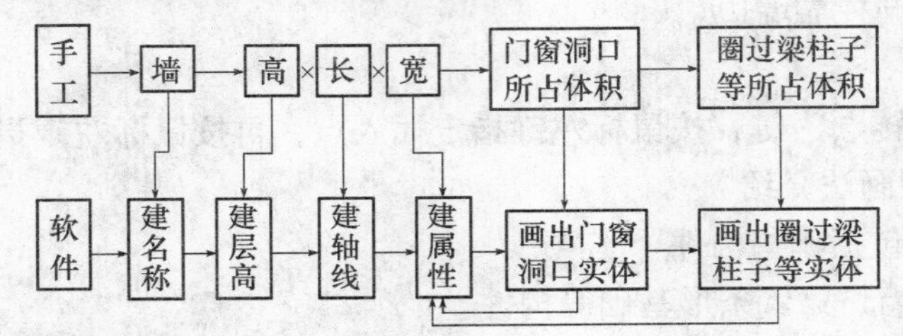

3.2.2 本工程要计算哪些工程量

我们准备用软件做一个工程，首先要解决的问题是：本工程我们要计算哪些工程量。我原来所犯的错误是拿起工程就画图，结果图画完了，量算错了。其实，画图并不是学习这个软件的目的，算出正确的量才是我们达到真正的目的。

关于本图要计算哪些工程量，我们在前面已经讲过，这里不再赘述。

3.2.3 用软件怎样计算这些工程量

3.2.3.1 第一步进入软件

左键双击图形 8.0 图标—点新建向导—填写工程名称（自己起）—点定额模式—选择定额规则（自己选）—选择定额库（自己选）—点下一步—工程信息页不用填写—点下一步—编制信息页不用填写—点下一步—填写“室外地坪相对标高”为“ -0.45”—填写外墙裙高度“900”—点下一步—点完成。

3.2.3.2 第二步建立楼层

点楼层管理—点添加楼层 2 次—修改层高为基础层 1.6m、首层 3.6m、2 层 3.6m、3 层

0.6m—修改“第3层”楼层名称为“屋面层”。

3.2.3.3　第三步建立轴网

点绘图输入—点轴线—双击轴网—点新建—点下开间—输入轴距3300—敲回车—4500—敲回车—3300—点左进深—输入轴距3900—敲回车—2100—点确定—点选择—点确定（角度为0）。

3.2.3.4　第四步建立构件

建立构件有两个内容：属性编辑和构件做法。下面分别介绍：

（1）属性编辑

①属性编辑包括以下内容

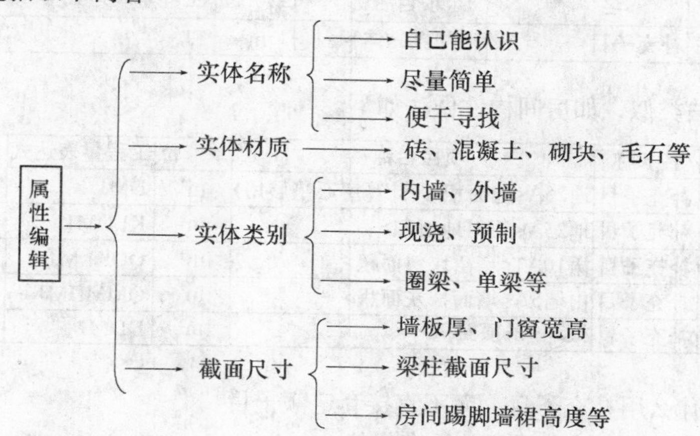

②怎样建立属性编辑

以墙为例：点墙—双击普通墙—点新建—改名称为墙37—改厚度为370。如下图所示。

属性编辑 | 构件做法

	属性名称	属性值
1	名称	墙37
2	材质	砖
3	厚度（mm）	370
4	底标高（m）	(0)
5	起点高度（mm）	(3600)
6	终点高度（mm）	(3600)
7	轴线距左墙皮距离	(185)
8	备注	

其他构件方法类似，如房间属性编辑如下。

属性编辑 | 构件做法

	属性名称	属性值
1	名称	房1层接待室
2	墙裙高度（mm）	1200
3	踢脚高度（mm）	0
4	吊顶高度（mm）	0
5	块料厚度（mm）	0
6	备注	

（2）构件做法

我们要计算的工程量都在做法里面体现，例如墙37要计算体积，我们在画图以前不知道墙的体积是多少，就用“TJ”代替，就相当于解方程里的未知数“X”；又例如1层接待室要计算地面积、块料地面积、墙裙块料面积、墙面抹灰面积、吊顶面积，分别用代码[DMJ]、[KLDMJ]、[QQKLMJ]、[QMMHMJ]、[DDMJ]代替。

以墙为例介绍操作步骤：点构件做法—编码输入墙37—项目名称填写50号混浆<体积>—单位选择m^3—双击工程量表达式“…”—双击“TJ”—点确定。如下图所示。

	编　码	名　称	项目名称	单　位	工程量表达式	表达式说明/工程量
1	B:墙37	补充子目	50#混浆<体积>	m^3	TJ	<体积>

其他构件做法类似，如房间构件做法如下。

	编　码	名　称	项目名称	单　位	工程量表达式	表达式说明/工程量
1	B:房1层接待室	补充子目	地25A<地面积>（计算房心垫层用）	m^2	DMJ	<地面积>
2	B:房1层接待室	补充子目	地25A<块料地面积>	m^2	KLDMJ	<块料地面积>
3	B:房1层接待室	补充子目	裙10A1<墙裙块料面积>	m^2	QQKLMJ	<墙裙块料面积>
4	B:房1层接待室	补充子目	内墙5A<墙面抹灰面积>	m^2	QMMHMJ	<墙面抹灰面积>
5	B:房1层接待室	补充子目	棚26<吊顶面积>	m^2	DDMJ	<吊顶面积>

（3）编码为什么用补充子目，而不直接套定额子目

以下5条理由说明直接套子目并没有优势：

1）我们在画图这一刻可能对图纸并不彻底熟悉，不知道构件信息（如砖墙的砂浆标号、混凝土标号等），无法套子目，这时如果一定要套子目会耽误画图时间。

2）如果画图人员对定额不熟悉，也会在寻找子目的过程中耽误很多时间。

3）直接套子目还会有个不好处，如果两个构件（如墙1和墙2）子目相同时，软件会自动合并，到时候我们想找墙1和墙2分别是多少，就很麻烦了。

4）图纸看不清的时候无法画图。例如，有时候我们看到图纸有两条线，如画池边线，我们并不知道是用什么材质做的，无法套子目，如果用补充子目，我们就可以设名称为“花池边”，子目名称为“300厚墙”，我们就可以在墙里画了，如果套用某条子目，过后就不知道画的是什么了。

5）如果直接套子目，另一个人无法看明白。你到底套的正确与否，别人无法检查。

（4）补充子目的应用技巧

1）技巧1：编码就是名称

将属性名称复制过来直接作为编码。如属性编辑里构件名称为“墙37”，可以将“墙37”直接复制过来到“构件做法”的“编码”列里，敲回车，软件会自动加上“B:”。这样将来报表也容易找到此构件，也减少打字数量，这种方法对打字慢的人非常适用。

2）技巧2：报表里同类构件排在一起

想让报表构件排列在一起时，编码里第一个字起相同的名字，比如37墙和24墙，如果你构件名称为“37墙”和“24墙”，将来报表里两个墙的量排不到一起；如果叫“墙37”和“墙24”，报表里两个构件会自动排列到一起。其他构件方法类似，如我们为了让各个房

间报表里能排在一起，我们在起房间名字时候，就在每个房间名字前加一个“房”字。

3）技巧3：项目名称可以直接写成图集做法

如果图纸上表明某房间的地面做法为“地25A”，墙裙做法为“裙10A1”，实际上“地25A”和“裙10A1”可能包括很多内容，而在算量阶段只需要知道它的面积是多少，具体做法并不关心，这里我们只写清楚做法是什么就可以了。如下图所示。

	编 码	名 称	项目名称	单 位	工程量表达式	表达式说明/工程量
1	B:房1层接待室	补充子目	地25A<地面积>(计算房心垫层用)	m^2	DMJ	<地面积>
2	B:房1层接待室	补充子目	地25A<块料地面积>	m^2	KLDMJ	<块料地面积>
3	B:房1层接待室	补充子目	裙10A1<墙裙块料面积>	m^2	QQKLMJ	<墙裙块料面积>
4	B:房1层接待室	补充子目	内墙5A<墙面抹灰面积>	m^2	QMMHMJ	<墙面抹灰面积>
5	B:房1层接待室	补充子目	棚26<吊顶面积>	m^2	DDMJ	<吊顶面积>

3.2.3.5 第五步画图对量

（1）在对量中学会软件的计算原理

手工会算量的人往往不知道软件是怎样计算出来的，从而对软件的计算结果产生怀疑，通过对量就可以了解软件是怎样计算的，也了解软件计算的正确与否，对下次用软件算量产生信心。

（2）画一步对一步

前面已经说过，我们平时拿到图纸先画一大堆构件，软件一汇总出来就省很多工程量，这时如果对量就摸不着北了。我建议的方法是画一步对一步，每次对一点点量，非常清晰，永不糊涂。

（3）手工软件对照表

下面是培训楼的手工软件对照表，就是采取上述原理做的一张表，大家如果把这张表一步一步对下来会达到如下结果：

1）对软件的计算原理有了深层次的理解，因为通过对量知道软件到底是怎样扣减的。

2）熟练软件的基本操作，因为你一个构件可能画多次。

3）对以后使用软件产生信心，因为量和手工计算的结果一摸一样。

下面详细介绍“培训楼手工软件对量表”。

1	2	3	4	5	6	7	8	9	10	11	12
六块	类型	名称	编码 同名称	项目名称		工程量表达式	单位	手工结果	软件结果	误差	软件构件
				图纸信息	同表达式说明						
		墙37	B:墙37	50号混浆	体积	TJ	m^3	45.622	45.622	0	墙
		墙24	B:墙24	50号混浆	体积	TJ	m^3	13.634	13.634	0	墙

第1列：属于“六大块”的内容，如围护结构、顶部结构等。

第2例：属于构件类型，如墙、梁、板、柱等。

第3列：属于构件名称，如墙37、墙24等。

第4列：属于构件做法里的编码，与构件名称完全相同。

第5列：属于图纸（或用户自己）的信息，如50号混合砂浆等内容（注：第5列和第6列在软件里是同一列）。

第6列：属于代码表达式的解释，如体积、地面积等（第4列、第5列、第6列组合起来就是完整的能让任何人套价的构件名称）。

第7列：属于工程量表达式，就是我们所要的工程量选的代码，有的时候会是含代码的运算式子。

第8列：属于单位，如 m^3、m^2 等。

第9列：属于手工计算结果，计算过程参考2培训楼工程手工算量的内容。

第10列：属于软件计算结果，如果你计算的结果和此数据不同，就是你某个地方画错了，关于大家容易出现的问题，我在表里有相应的提示。

第11列：属于手工和软件的误差，看看误差是不是在允许范围之内。

第12列：属于软件构件，我们通常所用的构件都和建筑的实际构件名称一样，如实际工程中是墙或梁，软件画图也用的是墙或梁，但是软件里有时用另一构件画某一构件，如用“自定义线”画散水的伸缩缝，用“阳台”画挑檐等。此表在“软件构件”一栏就填写的是软件构件的名称。

3.2.4 软件计算

3.2.4.1 手工与软件对量表（见表3-1）

表3-1 培训楼手工与软件对量表

一、1层工程量计算

<table>
<tr><td>1</td><td>2</td><td>3</td><td>4</td><td>5</td><td>6</td><td>7</td><td>8</td><td>9</td><td>10</td><td>11</td><td>12</td></tr>
<tr><td rowspan="2">六块</td><td rowspan="2">类型</td><td rowspan="2">名称</td><td>编码</td><td colspan="2">项目名称</td><td rowspan="2">工程量表达式</td><td rowspan="2">单位</td><td rowspan="2">手工结果</td><td rowspan="2">软件结果</td><td rowspan="2">误差</td><td rowspan="2">软件构件</td></tr>
<tr><td>同名称</td><td>图纸信息</td><td>同表达式说明</td></tr>
<tr><td rowspan="12">围护结构</td><td rowspan="4">墙（总体积）</td><td>墙37</td><td>B：墙37</td><td>50号混浆</td><td>体积</td><td>TJ</td><td>m^3</td><td>45.622</td><td>45.622</td><td>0</td><td>墙</td></tr>
<tr><td>墙24</td><td>B：墙24</td><td>50号混浆</td><td>体积</td><td>TJ</td><td>m^3</td><td>13.634</td><td>13.634</td><td>0</td><td>墙</td></tr>
<tr><td colspan="10">提示：1. 外墙墙厚是否为370？2. 外墙是否修改为偏轴？轴外250，轴内120。建议在“构件属性编辑器”里修改，属性定义不要直接建成偏轴。3. 是否画在1层？4. 1层层高是否为3600？5. 是否画了其他构件？不能画。6. 在定义墙属性时，是否修改了底标高、起点高度、终点高度的默认值？建议在“构件属性编辑器”里修改，属性定义时不要修改。</td></tr>
<tr><td colspan="10">修改37墙为偏轴线操作步骤：点右键—点“按名称选择构件图元”—点37墙—点确定—点右键—点“构件属性编辑器”—修改“轴线距左墙皮距离”为250或120—敲回车</td></tr>
<tr><td rowspan="7">门</td><td rowspan="2">门1</td><td>B：门1</td><td>镶板门</td><td>洞口面积</td><td>DKMJ</td><td>m^2</td><td>6.48</td><td>6.48</td><td>0</td><td>门</td></tr>
<tr><td>B：门1</td><td>镶板门</td><td>数量</td><td>SL</td><td>樘</td><td>1</td><td>1</td><td>0</td><td>门</td></tr>
<tr><td rowspan="2">门2</td><td>B：门2</td><td>胶合板门</td><td>洞口面积</td><td>DKMJ</td><td>m^2</td><td>4.32</td><td>4.32</td><td>0</td><td>门</td></tr>
<tr><td>B：门2</td><td>胶合板门</td><td>数量</td><td>SL</td><td>樘</td><td>2</td><td>2</td><td>0</td><td>门</td></tr>
<tr><td rowspan="2">门3</td><td>B：门3</td><td>胶合板门</td><td>洞口面积</td><td>DKMJ</td><td>m^2</td><td>1.89</td><td>1.89</td><td>0</td><td>门</td></tr>
<tr><td>B：门3</td><td>胶合板门</td><td>数量</td><td>SL</td><td>樘</td><td>1</td><td>1</td><td>0</td><td>门</td></tr>
<tr><td colspan="10">提示：1. 门尺寸是否填写正确？2. 门代码是否选择正确？</td></tr>
</table>

续表

一、1层工程量计算

六块	类型	名称	编码同名称	项目名称		工程量表达式	单位	手工结果	软件结果	误差	软件构件
				图纸信息	同表达式说明						
围护结构	窗	窗1	B：窗1	塑钢窗	洞口面积	DKMJ	m^2	10.8	10.8	0	窗
			B：窗1	塑钢窗	数量	SL	樘	4	4	0	窗
		窗2	B：窗2	塑钢窗	洞口面积	DKMJ	m^2	3.24	3.24	0	窗
			B：窗2	塑钢窗	数量	SL	樘	1	1	0	窗
	提示：1. 窗尺寸是否填写的正确？2. 窗代码是否选择的正确？										
	过梁	过梁24	B：过梁24	C25	体积	TJ	m^3	0.258	0.258	0	过梁
			B：过梁24		模板面积	MBMJ	m^2	2.28	2.28	0	过梁
		过梁18	B：过梁18	C25	体积	TJ	m^3	0.686	0.686	0	过梁
			B：过梁18		模板面积	MBMJ	m^2	6.594	6.594	0	过梁
		过梁12	B：过梁12	C25	体积	TJ	m^3	0.121	0.121	0	过梁
			B：过梁12		模板面积	MBMJ	m^2	1.656	1.656	0	过梁
	提示：1. 过梁位置是否和窗对应？2. 是否填写了过梁的宽度和长度？（此图不用填写）3. 窗离地高度是否为900？										
	框架柱	柱1－500×500	B：柱1－500×500	C25	体积	TJ	m^3	3.6	3.6	0	柱
			B：柱1－500×500		模板面积	MBMJ	m^2	28.8	28.8	0	柱
		柱2－400×500	B：柱2－400×500	C25	体积	TJ	m^3	2.88	2.88	0	柱
			B：柱2－400×500		模板面积	MBMJ	m^2	25.92	25.92	0	柱
		柱3－400×400	B：柱3－400×400	C25	体积	TJ	m^3	1.152	1.152	0	柱
			B：柱3－400×400		模板面积	MBMJ	m^2	11.52	11.52	0	柱
	提示：1. 框柱尺寸是否填写的正确？2. 框柱位置是否画的正确？3. 是否设置为框架柱？										
	梁按图纸名称计算										
	框架梁	框梁1－370×500	B：框梁1－370×500	C25	体积	TJ	m^3	1.813	1.813	0	梁
			B：框梁1－370×500		模板面积	MBMJ	m^2	12.856	12.856	0	梁
		框梁2－370×500	B：框梁2－370×500	C25	体积	TJ	m^3	2.035	2.035	0	梁
			B：框梁2－370×500		模板面积	MBMJ	m^2	13.97	13.97	0	梁
		框梁3－370×500	B：框梁3－370×500	C25	体积	TJ	m^3	1.813	1.813	0	梁
			B：框梁3－370×500		模板面积	MBMJ	m^2	12.446	12.446	0	梁

续表

六块	类型	名称	编码 同名称	项目名称 图纸信息	 同表达式说明	工程量表达式	单位	手工结果	软件结果	误差	软件构件
一、1层工程量计算											
围护结构	框架梁	框梁4－240×500	B：框梁4－240×500	C25	体积	TJ	m^3	1.224	1.224	0	梁
			B：框梁4－240×500		模板面积	MBMJ	m^2	10.938	10.938	0	梁
		框梁5－240×500	B：框梁5－240×500	C25	体积	TJ	m^3	0.492	0.492	0	梁
			B：框梁5－240×500		模板面积	MBMJ	m^2	4.674	4.674	0	梁
		提示：1. 梁外皮是否和墙外皮齐？2. 定义梁时候是否偏轴250？建议在“构件属性编辑器”里修改为偏轴。3. 梁的截面尺寸是否正确？4. 是否都画成框梁1？									
		梁按相同截面合计计算									
	框架梁	框梁370×500	B：框梁370×500	C25	体积	TJ	m^3	5.661	5.661	0	梁
			B：框梁370×500		模板面积	MBMJ	m^2	39.272	39.272	0	梁
		框梁240×500	B：框梁240×500	C25	体积	TJ	m^3	1.716	1.716	0	梁
			B：框梁240×500		模板面积	MBMJ	m^2	15.612	15.612	0	梁
		提示：1. 梁外皮是否和墙外皮齐？2. 定义梁时候是否偏轴250？建议在“构件属性编辑器”里修改为偏轴。3. 梁的截面尺寸是否正确？4. 是否都画成框梁1？									
	墙（净体积）	墙37	B：墙37	50号混浆	体积	TJ	m^3	26.039	26.04	-0.001	墙
		墙24	B：墙24	50号混浆	体积	TJ	m^3	9.028	9.028	0	墙
		提示：1. 是否画门、窗、过梁、梁、柱？2. 这些构件位置是否正确？									
顶部结构	板	板100	B：板100	C25	体积	TJ	m^3	5.085	5.084	0.001	板
			B：板100		模板面积	MBMJ	m^2	50.636	50.636	0	板
			B：板100		侧面模板面积	CMMBMJ	m^2	0	0	0	板
		提示：1. 是否画柱？2. 是否画梁？3. 板是否画到外皮？（板级别大于梁时候必须做）4. 是否设置板的支模边？（对板级别大于梁时候必须设置）5. 楼梯间是否画板？（不画）									
室内结构	楼梯	楼梯	B：楼梯	C25	投影面积	TYMJ	m^2	7.924	7.924	0	楼梯
		楼梯	B：楼梯		实际长度	(2.43＋0.2)×1.15×2＋(0.12＋0.1)＋0.99	m	7.259	7.259	0	表格
		提示：1. 楼梯代码是否选择的正确？2. 楼梯位置是否画的正确？									

续表

一、1层工程量计算

六块	类型	名称	编码 同名称	项目名称		工程量 表达式	单位	手工 结果	软件 结果	误差	软件 构件
				图纸信息	同表达式说明						
室外结构	台阶	台阶	B：台阶		面积	MJ	m^2	6.24	6.24	0	台阶
		提示：1. 台阶长边外边线离轴线是否为1850？2. 台阶短边离2轴线、3轴线是否为300									
	散水	散水	B：散水		面积	MJ	m^2	18.975	18.975	0	散水
			B：散水	C10混凝土垫层体积	面积×0.08	MJ×0.1	m^3	1.518	1.518	0	散水
			B：散水	垫层模板面积	（外围长度－3.9/2）×0.08	（WWCD－3.9/2）×0.08	m^2	2.936	2.936	0	散水
			B：散水	贴墙伸缩缝	贴墙长度	TQCD	m	36.2	36.2	0	散水
		提示：1. 是否按智能布置画散水？2. 垫层厚度是否乘以0.08？3. 散水宽度是否为550？4. 扣台阶长度时是否为3.9/2？									
		散水伸缩缝	B：散水伸缩缝	四角隔断台阶处	长度	CD	m	4.761	4.761	0	线
		提示：1. 是否在软件"线"构件里画散水伸缩缝？2. 四角、超过6mC轴线、散水与台阶相邻处是否画伸缩缝？									
室内装修	室内装修	房1层接待室	B：房1层接待室	地25A	地面积	DMJ	m^2	15.592	15.592	0	房间
			B：房1层接待室	地25A	块料地面积	KLDMJ	m^2	16.326	16.326	0	房间
			B：房1层接待室	裙10A1	墙裙块料面积	QQKLMJ	m^2	14.196	14.196	0	房间
			B：房1层接待室	内墙5A	墙面抹灰面积	QMMHMJ	m^2	25.11	25.11	0	房间
			B：房1层接待室	棚26	吊顶面积	DDMJ	m^2	15.592	15.592	0	房间
		提示：1. 墙裙高度是否填写？2. 如果没填写墙裙高度是否在"构件属性编辑器里修改"或删除重画？3. 框厚是否改为0？4. 是否在"构件属性编辑器"里修改吊顶高度为3000？（建议不要在属性定义里直接定义吊顶高度。其他层如果有相同做法的吊顶而高度有变化，会出错）									
		房1层图训室	B：房1层图训室	地9	地面积	DMJ	m^2	17.626	17.626	0	房间
			B：房1层图训室	地9	块料地面积	KLDMJ	m^2	17.647	17.647	0	房间
			B：房1层图训室	踢10A	踢脚块料长度	TJKLCD	m	17.14	17.14	0	房间
			B：房1层图训室	内墙5A	墙面抹灰面积	QMMHMJ	m^2	54.74	54.74	0	房间
			B：房1层图训室	棚2B	天棚抹灰面积	TPMHMJ	m^2	17.626	17.626	0	房间
		提示：1. 踢脚高度是否填写？2. 如果没填写踢脚高度是否在"构件属性编辑器里修改"或删除重画？3. 框厚是否改为0？									

续表

一、1 层工程量计算

<table>
<tr><th rowspan="2">六块</th><th rowspan="2">类型</th><th rowspan="2">名称</th><th rowspan="2">编码
同名称</th><th colspan="2">项目名称</th><th rowspan="2">工程量
表达式</th><th rowspan="2">单位</th><th rowspan="2">手工
结果</th><th rowspan="2">软件
结果</th><th rowspan="2">误差</th><th rowspan="2">软件
构件</th></tr>
<tr><th>图纸信息</th><th>同表达式说明</th></tr>
<tr><td rowspan="10">室内
装修</td><td rowspan="10">室内
装修</td><td rowspan="5">房 1 层
钢训室</td><td>B：房 1 层钢训室</td><td>地 9</td><td>地面积</td><td>DMJ</td><td>m^2</td><td>17.626</td><td>17.626</td><td>0</td><td>房间</td></tr>
<tr><td>B：房 1 层钢训室</td><td>地 9</td><td>块料地面积</td><td>KLDMJ</td><td>m^2</td><td>17.647</td><td>17.647</td><td>0</td><td>房间</td></tr>
<tr><td>B：房 1 层钢训室</td><td>踢 10A</td><td>踢脚块料长度</td><td>TJKLCD</td><td>m</td><td>17.14</td><td>17.14</td><td>0</td><td>房间</td></tr>
<tr><td>B：房 1 层钢训室</td><td>内墙 5A</td><td>墙面抹灰面积</td><td>QMMHMJ</td><td>m^2</td><td>54.74</td><td>54.74</td><td>0</td><td>房间</td></tr>
<tr><td>B：房 1 层钢训室</td><td>棚 2B</td><td>天棚抹灰面积</td><td>TPMHMJ</td><td>m^2</td><td>17.626</td><td>17.626</td><td>0</td><td>房间</td></tr>
<tr><td colspan="10">提示：1. 踢脚高度是否填写？2. 如果没填写踢脚高度是否在“构件属性编辑器里修改”或删除重画？3. 框厚是否改为 0？</td></tr>
<tr><td rowspan="3">房 1 层
楼梯间</td><td>B：房 1 层楼梯间</td><td>地 3A</td><td>地面积</td><td>DMJ</td><td>m^2</td><td>7.924</td><td>7.924</td><td>0</td><td>房间</td></tr>
<tr><td>B：房 1 层楼梯间</td><td>踢 20A</td><td>踢脚抹灰长度</td><td>TJMHCD</td><td>m</td><td>12.24</td><td>12.24</td><td>0</td><td>房间</td></tr>
<tr><td>B：房 1 层楼梯间</td><td>内墙 5A</td><td>墙面抹灰面积</td><td>QMMHMJ</td><td>m^2</td><td>38.934</td><td>38.934</td><td>0</td><td>房间</td></tr>
<tr><td colspan="10">提示：1. 踢脚高度是否填写？2. 如果没填写踢脚高度是否在“构件属性编辑器里修改”或删除重画？3. 是否选择天棚代码？（不选择）4. 框厚是否改为 0？</td></tr>
<tr><td rowspan="3">外装
修</td><td rowspan="3">外
装
修</td><td rowspan="2">外装 1 层</td><td>B：外装 1 层</td><td>外墙 27A1</td><td>外墙裙块料面积［1 层］－台阶靠墙立面</td><td>WQQKLMJ［1］－（3.9＋3.3＋2.7）×0.15</td><td>m^2</td><td>30.182</td><td>30.182</td><td>0</td><td>表格</td></tr>
<tr><td>B：外装 1 层</td><td>外墙 27A1</td><td>外墙块料面积［1 层］</td><td>WQKLMJ［1］</td><td>m^2</td><td>102.083</td><td>102.083</td><td>0</td><td></td></tr>
<tr><td colspan="10">提示：1. 是否在表格输入里建构件和做法？2. 是否选择［1 层］？3. 是否选择块料代码？4. 框厚是否改为 0？5. 室内外高差是否设置为－0.45m？6. 外墙裙高度是否填 900mm？</td></tr>
<tr><td rowspan="4">零星
项目</td><td rowspan="4">1 层</td><td>建筑面积</td><td>B：建筑面积</td><td></td><td>建筑面积［1 层］</td><td>JZMJ［1］</td><td>m^2</td><td>75.4</td><td>75.4</td><td>0</td><td>建面</td></tr>
<tr><td colspan="10">提示：1. 是否在 1 层画建筑面积？2. 代码选择是否带［1 层］？</td></tr>
<tr><td>平整场地</td><td>B：平整场地</td><td></td><td>面积×1.4</td><td>MJ×1.4</td><td>m^2</td><td>105.56</td><td>105.56</td><td>0</td><td>平场</td></tr>
<tr><td colspan="10">提示：1. 代码是否为 MJ×1.4？2. 是否在 1 层画？</td></tr>
</table>

二、2层工程量计算

提示：1. 是否先切换到2层？2. 是否将墙、梁、柱、门窗、过梁复制到2层？3. 是否将楼梯、板、房间、台阶、散水、线复制到2层？（这些构件不能复制到2层）

六块	类型	名称	编码同名称	项目名称		工程量表达式	单位	手工结果	软件结果	误差	软件构件
				图纸信息	同表达式说明						
围护结构	门联窗	门联窗1	B：门联窗1	塑钢门联窗	洞口面积	DKMJ	m^2	5.13	5.13	0	门联窗
			B：门联窗1	塑钢门联窗	门洞口面积	MDKMJ	m^2	2.43	2.43	0	门联窗
			B：门联窗1	塑钢门联窗	窗洞口面积	CDKMJ	m^2	2.7	2.7	0	门联窗
			B：门联窗1	塑钢门联窗	数量	SL	樘	1	1	0	门联窗
		提示：1. 是否将门1修改成门联窗？2. 代码选择是否正确？									
	门	门2	B：门2	胶合板门	洞口面积	DKMJ	m^2	4.32	4.32	0	门
			B：门2	胶合板门	数量	SL	樘	2	2	0	门
		门3	B：门3	胶合板门	洞口面积	DKMJ	m^2	1.89	1.89	0	门
			B：门3	胶合板门	数量	SL	樘	1	1	0	门
	窗	窗1	B：窗1	塑钢窗	洞口面积	DKMJ	m^2	10.8	10.8	0	窗
			B：窗1	塑钢窗	数量	SL	樘	4	4	0	窗
		窗2	B：窗2	塑钢窗	洞口面积	DKMJ	m^2	3.24	3.24	0	窗
			B：窗2	塑钢窗	数量	SL	樘	1	1	0	窗
	过梁	过梁24	B：过梁24	C25	体积	TJ	m^3	0.258	0.258	0	过梁
			B：过梁24		模板面积	MBMJ	m^2	2.28	2.28	0	过梁
		提示：门联窗上是否画过梁24？									
		过梁18	B：过梁18	C25	体积	TJ	m^3	0.686	0.686	0	过梁
			B：过梁18		模板面积	MBMJ	m^2	6.594	6.594	0	过梁
		过梁12	B：过梁12	C25	体积	TJ	m^3	0.121	0.121	0	过梁
			B：过梁12		模板面积	MBMJ	m^2	1.656	1.656	0	过梁
	框架柱	柱1－500×500	B：柱1－500×500	C25	体积	TJ	m^3	3.6	3.6	0	柱
			B：柱1－500×500		模板面积	MBMJ	m^2	28.8	28.8	0	柱
		柱2－400×500	B：柱2－400×500	C25	体积	TJ	m^3	2.88	2.88	0	柱
			B：柱2－400×500		模板面积	MBMJ	m^2	25.92	25.92	0	柱
		柱3－400×400	B：柱3－400×400	C25	体积	TJ	m^3	1.152	1.152	0	柱
			B：柱3－400×400		模板面积	MBMJ	m^2	11.52	11.52	0	柱

续表

二、2层工程量计算

六块	类型	名称	编码 同名称	项目名称 图纸信息	项目名称 同表达式说明	工程量表达式	单位	手工结果	软件结果	误差	软件构件
框架梁按图纸名称计算											
围护结构	框架梁	框梁1－370×650	B：框梁1－370×650	C25	体积	TJ	m^3	2.357	2.357	0	梁
			B：框梁1－370×650		模板面积	MBMJ	m^2	15.386	15.386	0	梁
		框梁2－370×650	B：框梁2－370×650	C25	体积	TJ	m^3	2.6455	2.646	−0.0005	梁
			B：框梁2－370×650		模板面积	MBMJ	m^2	17.27	17.27	0	梁
		框梁3－370×650	B：框梁3－370×650	C25	体积	TJ	m^3	2.357	2.357	0	梁
			B：框梁3－370×650		模板面积	MBMJ	m^2	15.386	15.386	0	梁
		框梁4－240×500	B：框梁4－240×500	C25	体积	TJ	m^3	1.224	1.224	0	梁
			B：框梁4－240×500		模板面积	MBMJ	m^2	10.608	10.608	0	梁
		框梁5－240×500	B：框梁5－240×500	C25	体积	TJ	m^3	0.492	0.492	0	梁
			B：框梁5－240×500		模板面积	MBMJ	m^2	4.264	4.264	0	梁
		提示：1. 是否从1层复制上来的梁没有换成2层的梁？2. 梁和外墙外皮是否对齐？									
	框架梁按相同截面合计计算										
	框架梁	框梁370×650	B：框梁370×650	C25	体积	TJ	m^3	7.359	7.359	0	梁
			B：框梁370×650		模板面积	MBMJ	m^2	48.042	48.042	0	梁
		框梁240×500	B：框梁240×500	C25	体积	TJ	m^3	1.716	1.716	0	梁
			B：框梁240×500		模板面积	MBMJ	m^2	14.872	14.872	0	梁
		提示：1. 是否从1层复制上来的梁没有换成2层的梁？2. 梁和外墙外皮是否对齐？									
	墙	墙37	B：墙37	50号混浆	体积	TJ	m^3	24.837	24.834	0.003	墙
		墙24	B：墙24	50号混浆	体积	TJ	m^3	9.028	9.028	0	墙
顶部结构	板	板100	B：板100	C25	体积	TJ	m^3	5.877	5.877	0	板
			B：板100		模板面积	MBMJ	m^2	58.526	58.526	0	板
			B：板100		侧面模板面积	CMMBMJ	m^2	0	0	0	板
		提示：1. 楼梯间是否画板？（要画）2. 是否画柱？3. 是否画梁？4. 板是否画到外皮？（板级别大于梁时候必须做）5. 是否设置板的支模边？（对板级别大于梁时候必须设置）									

续表

<table>
<tr><th colspan="12">二、2层工程量计算</th></tr>
<tr><th rowspan="2">六块</th><th rowspan="2">类型</th><th rowspan="2">名称</th><th rowspan="2">编码
同名称</th><th colspan="2">项目名称</th><th rowspan="2">工程量
表达式</th><th rowspan="2">单位</th><th rowspan="2">手工
结果</th><th rowspan="2">软件
结果</th><th rowspan="2">误差</th><th rowspan="2">软件
构件</th></tr>
<tr><th>图纸信息</th><th>同表达式说明</th></tr>
<tr><td rowspan="12">室外
结构</td><td rowspan="12">阳台</td><td rowspan="3">阳台栏板</td><td>B：阳台栏板</td><td>C25</td><td>体积</td><td>TJ</td><td>m^3</td><td>0.369</td><td>0.369</td><td>0</td><td>栏板</td></tr>
<tr><td>B：阳台栏板</td><td></td><td>模板面积</td><td>MBMJ</td><td>m^2</td><td>12.312</td><td>12.312</td><td>0</td><td>栏板</td></tr>
<tr><td>B：阳台栏板</td><td>顶面积</td><td>中心线长度
×0.06</td><td>ZXXCD
×0.06</td><td>m^2</td><td>0.41</td><td>0.41</td><td>0</td><td>栏板</td></tr>
<tr><td colspan="10">提示：1. 栏板长边的中心线到 A 轴线的距离是否是1420？2. 是否画的是900 高的阳台栏板？</td></tr>
<tr><td rowspan="7">阳台</td><td>B：阳台</td><td>C25</td><td>板体积</td><td>BTJ</td><td>m^3</td><td>0.547</td><td>0.547</td><td>0</td><td>阳台</td></tr>
<tr><td>B：阳台</td><td>棚 2B</td><td>板面积</td><td>BMJ</td><td>m^2</td><td>5.472</td><td>5.472</td><td>0</td><td>阳台</td></tr>
<tr><td>B：阳台</td><td>板侧面积</td><td>栏板外边线
长度×0.1</td><td>LBWBXCD
×0.1</td><td>m^2</td><td>0.696</td><td>0.696</td><td>0</td><td>阳台</td></tr>
<tr><td>B：阳台</td><td>楼 8D</td><td>地面积</td><td>DMJ</td><td>m^2</td><td>5.062</td><td>5.062</td><td>0</td><td>阳台</td></tr>
<tr><td>B：阳台</td><td>栏板内装修</td><td>栏板墙面面积</td><td>LBQMMJ</td><td>m^2</td><td>6.048</td><td>6.048</td><td>0</td><td>阳台</td></tr>
<tr><td>B：阳台</td><td>栏板外装修</td><td>栏板外边线
长度×0.9</td><td>LBWBXCD
×0.9</td><td>m^2</td><td>6.264</td><td>6.264</td><td>0</td><td>阳台</td></tr>
<tr><td>B：阳台</td><td>出水口个数</td><td>2</td><td>2</td><td>个</td><td>2</td><td>2</td><td>0</td><td>阳台</td></tr>
<tr><td colspan="10">提示：1. 代码是否选择正确？2. 栏板是否画到（2，A）、（3，A）交点？（要画到交点）3. 阳台建筑面积是否设置为计算一半？（算脚手架用）</td></tr>
<tr><td rowspan="15">室内
装修</td><td rowspan="15">室内
装修</td><td rowspan="4">房2层
会客厅</td><td>B：房2层会客厅</td><td>楼 8D</td><td>块料地面积</td><td>KLDMJ</td><td>m^2</td><td>16.049</td><td>16.049</td><td>0</td><td>房间</td></tr>
<tr><td>B：房2层会客厅</td><td>踢 10A</td><td>踢脚块料长度</td><td>TJKLCD</td><td>m</td><td>13.33</td><td>13.33</td><td>0</td><td>房间</td></tr>
<tr><td>B：房2层会客厅</td><td>内墙 5A</td><td>墙面抹灰面积</td><td>QMMHMJ</td><td>m^2</td><td>44.1</td><td>44.1</td><td>0</td><td>房间</td></tr>
<tr><td>B：房2层会客厅</td><td>棚 2B</td><td>天棚抹灰面积</td><td>TPMHMJ</td><td>m^2</td><td>15.592</td><td>15.592</td><td>0</td><td>房间</td></tr>
<tr><td colspan="10">提示：1. 踢脚高度是否填写？2. 如果没填写踢脚高度是否在“构件属性编辑器里修改”或删除重画？</td></tr>
<tr><td rowspan="4">房2层
清训室</td><td>B：房2层清训室</td><td>楼 2D</td><td>地面积</td><td>DMJ</td><td>m^2</td><td>17.626</td><td>17.626</td><td>0</td><td>房间</td></tr>
<tr><td>B：房2层清训室</td><td>踢 2A</td><td>踢脚抹灰长度</td><td>TJMHCD</td><td>m</td><td>17.64</td><td>17.64</td><td>0</td><td>房间</td></tr>
<tr><td>B：房2层清训室</td><td>内墙 5A</td><td>墙面抹灰面积</td><td>QMMHMJ</td><td>m^2</td><td>54.74</td><td>54.74</td><td>0</td><td>房间</td></tr>
<tr><td>B：房2层清训室</td><td>棚 2B</td><td>天棚抹灰面积</td><td>TPMHMJ</td><td>m^2</td><td>17.626</td><td>17.626</td><td>0</td><td>房间</td></tr>
<tr><td colspan="10">提示：1. 踢脚高度是否填写？2. 如果没填写踢脚高度是否在“构件属性编辑器里修改”或删除重画？</td></tr>
<tr><td rowspan="4">房2层
预训室</td><td>B：房2层预训室</td><td>楼 2D</td><td>地面积</td><td>DMJ</td><td>m^2</td><td>17.626</td><td>17.626</td><td>0</td><td>房间</td></tr>
<tr><td>B：房2层预训室</td><td>踢 2A</td><td>踢脚抹灰长度</td><td>TJMHCD</td><td>m</td><td>17.64</td><td>17.64</td><td>0</td><td>房间</td></tr>
<tr><td>B：房2层预训室</td><td>内墙 5A</td><td>墙面抹灰面积</td><td>QMMHMJ</td><td>m^2</td><td>54.74</td><td>54.74</td><td>0</td><td>房间</td></tr>
<tr><td>B：房2层预训室</td><td>棚 2B</td><td>天棚抹灰面积</td><td>TPMHMJ</td><td>m^2</td><td>17.626</td><td>17.626</td><td>0</td><td>房间</td></tr>
<tr><td colspan="10">提示：1. 踢脚高度是否填写？2. 如果没填写踢脚高度是否在“构件属性编辑器里修改”或删除重画？</td></tr>
</table>

续表

二、2 层工程量计算

六块	类型	名称	编码 同名称	项目名称 图纸信息	 同表达式说明	工程量 表达式	单位	手工 结果	软件 结果	误差	软件 构件
室内 装修	室内 装修	房2层 楼梯间	B：房2层楼梯间	内墙5A	墙面抹灰面积	QMMHMJ	m^2	37.71	37.71	0	房间
			B：房2层楼梯间	棚2B	天棚抹灰面积	TPMHMJ	m^2	7.924	7.924	0	房间
		提示：2层是否画楼梯？不画？									
外装	外装	外装2层	B：外装2层	外墙27A1	外墙块料面积［2层］	WQKLMH［2］	m^2	119.087	119.087	0	表格
		提示：1. 是否在表格输入里建构件和做法？2. 是否选择［2］？3. 是否选择块料代码？4. 框厚是否改为0？									
零星	零星	建筑面积	B：建筑面积		建筑面积［2层］	JZMJ［2］	m^2	78.136	78.136	0	建面
		提示：1. 是否每层都画建筑面积？2. 阳台建筑面积是否设置为计算一半？3. 是否在表格输入建筑面积？4. 代码是否分别选择为JZMJ［1］和JZMJ［2］？									

三、屋面层工程量计算

提示：1. 是否先切换到2层？2. 是否将2层构件复制上来？不需要，3层需要重新画？

六块	类型	名称	编码 同名称	项目名称 图纸信息	 同表达式说明	工程量 表达式	单位	手工 结果	软件 结果	误差	软件 构件
围护 结构	墙	墙24	B：墙24	50号混浆	体积	TJ	m^3	4.249	4.249	0	墙
		提示：1. 墙中心线离外轴线的距离是否是130？2. 是否画8根构造柱子？3. 构造柱和墙边是否对齐？4. 是否画压顶？5. 墙高是否改为540？（不需要，软件会自动扣减）6. 是否重新建女儿墙？（不需要，直接用24墙画，因为女儿墙屋面画不上）									
	构柱	柱24×24（构造）	B：柱24×24（构造）	C25	体积	TJ	m^3	0.346	0.346	0	柱
			B：柱24×24（构造）		模板面积	MBMJ	m^2	3.456	3.456	0	柱
		提示：1. 是否设置为带马牙差的构造柱？2. 构造柱是否设置为540高？（不需要）									
	压顶		B：压顶	C25	体积	TJ	m^3	0.607	0.607	0	梁
			B：压顶		模板面积	ZXCD×0.09×2	m^2	6.343	6.343	0	梁
			B：压顶	周边装修	轴线长度×0.48	ZXCD×0.48	m^2	16.915	16.915	0	梁
		提示：1. 压顶是否画到墙的中心线？（按墙中心线布置）2. 模板代码是否为ZXCD×0.09×2？									

续表

三、屋面层工程量计算

六块	类型	名称	编码同名称	项目名称：图纸信息	项目名称：同表达式说明	工程量表达式	单位	手工结果	软件结果	误差	软件构件
室外结构	挑檐	挑檐栏板	B：挑檐栏板	C25	体积	TJ	m^3	0.504	0.504	0	栏板
			B：挑檐栏板		模板面积	MBMJ	m^2	16.784	16.784	0	栏板
			B：挑檐栏板	顶面积	中心线长度×0.06	ZXXCD×0.06	m^2	2.518	2.518	0	栏板
		提示：1. 挑檐栏板中心线离外轴线的距离是否是820和1420？2. 是否画的是200高的挑檐栏板？									
	挑檐	挑檐	B：挑檐	C25	板体积	BTJ	m^3	2.59	2.59	0	阳台
			B：挑檐		板面积	BMJ	m^2	25.896	25.898	-0.002	阳台
			B：挑檐	底板侧面积	栏板外边线长度×0.1	LBWBXCD×0.1	m^2	4.22	4.232	-0.012	阳台
			B：挑檐	栏板内装修	栏板墙面面积	LBQMMJ	m^2	8.344	8.32	0.024	阳台
			B：挑檐	栏板外装修	栏板外边线长度×0.2	LBWBXCD×0.2	m^2	8.44	8.464	-0.024	阳台
		提示：1. 是否用虚墙将挑檐隔成两个区域？2. 是否在阳台里建挑檐？（在阳台里建）									
室内装修	屋面	屋面（挑檐）	B：屋面（挑檐）	平面	面积	MJ	m^2	23.38	23.38	0	屋面
			B：屋面（挑檐）	（立面）	卷边面积	JBMJ	m^2	17.394	17.37	0.024	屋面
		提示：1. 代码选择是否正确？2. 挑檐边是否卷边200？（女儿墙边卷边250）									
	屋面	屋面（板顶）	B：屋面（板顶）	平面	面积	MJ	m^2	66.942	66.942	0	屋面
			B：屋面（板顶）	立面	卷边面积	JBMJ	m^2	8.57	8.57	0	屋面
		提示：1. 屋面层墙是否定义成女儿墙？（不需要，按内墙240画）2. 墙内皮离轴线是否为10mm？3. 是否设置所有卷边为250mm？									
	墙面	女儿墙内装	B：女儿墙内装	1:2水浆540高	墙裙抹灰面积	QQMHMJ	m^2	18.511	18.511	0	房间
		提示：1. 是否用房间做女儿墙的内装修？2. 墙裙高度是否设置为540？3. 是否在属性编辑器里修改墙裙高度为540？									
外装	外装	外装3层	B：外装3层	外墙27A1	建筑外周长[3层]×0.54	JZWZC[3]×0.54	m^2	19.548	19.548	0	表格
		提示：1. 是否在表格输入法里做屋面层外装修？2. 代码是否为JZWZC[3]×0.54？									

续表

四、基础层工程量计算

基础	类型	名称	编码 同名称	项目名称 图纸信息	项目名称 同表达式说明	工程量 表达式	单位	手工 结果	软件 结果	误差	软件 构件
	土方	土方开挖	B：土方开挖	大开挖	土方体积	TFTJ	m^3	115.713	115.713	0	大开挖
			B：土方开挖	大开挖	底面积	DIMJ	m^2	100.62	100.62	0	大开挖
		提示：1. 是否填写工作面300？（要填写）2. 是否填写放坡系数？（不需要）3. 是否从轴线外放600？4. 室内外高差是否为 -0.45？5. 基础层高是否为1.6m？6. 挖深是否为1150mm？									
	垫层	满堂基础垫层	B：满基垫层	C15	体积	TJ	m^3	8.856	8.856	0	垫层
			B：满基垫层		模板面积	MBMJ	m^2	3.9	3.9	0	垫层
			B：满基垫层		底面积	DIMJ	m^2	88.56	88.56	0	垫层
		提示：1. 是否从轴线外放600？2. 代码选择是否正确？									
	满堂基础	满堂基础	B：满堂基础	C30	体积	TJ	m^3	25.126	25.126	0	满堂基础
			B：满堂基础		模板面积	MBMJ	m^2	7.64	7.64	0	满堂基础
	提示：1. 底标高是否修改为 -1.5？2. 是否在“构件属性编辑器”里修改满基底标高？										
满堂基础		基础梁按图纸名称计算									
	基梁	满堂基础梁1-500×500	B：满堂基础梁1-500×500	C30	体积	TJ	m^3	2.22	2.22	0	梁
			B：满堂基础梁1-500×500		模板面积	MBMJ	m^2	8.88	8.88	0	梁
		满堂基础梁2-500×500	B：满堂基础梁2-500×500	C30	体积	TJ	m^3	1.2	1.2	0	梁
			B：满堂基础梁2-500×500		模板面积	MBMJ	m^2	4.8	4.8	0	梁
		满堂基础梁3-400×500	B：满堂基础梁3-400×500	C30	体积	TJ	m^3	0.88	0.88	0	梁
			B：满堂基础梁3-400×500		模板面积	MBMJ	m^2	4.4	4.4	0	梁
		满堂基础梁4-400×500	B：满堂基础梁4-400×500	C30	体积	TJ	m^3	0.328	0.328	0	梁
			B：满堂基础梁4-400×500		模板面积	MBMJ	m^2	1.64	1.64	0	梁
		提示：1. 所有梁的底标高是否修改为 -1？2. 是否在“构件属性编辑器”里修改所有梁的底标高？3. 能否在定义时候直接修改底标高？（不能）									

续表

四、基础层工程量计算											
基础	类型	名称	编码同名称	项目名称		工程量表达式	单位	手工结果	软件结果	误差	软件构件
				图纸信息	同表达式说明						
基础梁按相同截面合计计算											
满堂基础	基础梁	满堂基础梁500×500	B：满堂基础梁500×500	C30	体积	TJ	m^3	3.42	3.42	0	梁
			B：满堂基础梁500×500		模板面积	MBMJ	m^2	13.68	13.68	0	梁
		满堂基础梁400×500	B：满堂基础梁400×500	C30	体积	TJ	m^3	1.208	1.208	0	梁
			B：满堂基础梁400×500		模板面积	MBMJ	m^2	6.04	6.04	0	梁
		提示：1. 所有梁的底标高是否修改为 -1？2. 是否在"构件属性编辑器"里修改所有梁的底标高？3. 能否在定义时候直接修改底标高？（不能）									
	基础柱	柱1-500×500基	B：柱1-500×500基	C30	体积	TJ	m^3	1	1	0	柱
			B：柱1-500×500基		模板面积	MBMJ	m^2	8	8	0	柱
		柱2-400×500基	B：柱2-400×500基	C30	体积	TJ	m^3	0.8	0.8	0	柱
			B：柱2-400×500基		模板面积	MBMJ	m^2	7.2	7.2	0	柱
		柱3-400×400基	B：柱3-400×400基	C30	体积	TJ	m^3	0.32	0.32	0	柱
			B：柱3-400×400基		模板面积	MBMJ	m^2	3.2	3.2	0	柱
		提示：1. 柱子的底标高是否修改为 -1？2. 是否在"构件属性编辑器"修改所有柱子？3. 是否修改为基础柱？4. 能否在定义时直接修改底标高？（不能）									
	基础墙	墙37（基础）	B：墙37（基础）	50号水浆	体积	TJ	m^3	11.17	11.148	0.022	墙
		墙24（基础）	B：墙24（基础）	50号水浆	体积	TJ	m^3	3.432	3.432	0	墙
	提示：1. 墙底标高是否修改为 -1？2. 外墙是否偏外250？3. 是否修改为基础墙？										

续表

四、基础层工程量计算											
基础	类型	名称	编码 同名称	项目名称		工程量表达式	单位	手工结果	软件结果	误差	软件构件
				图纸信息	同表达式说明						
满堂基础	土方填运	土方填运	B：土方填运		回填土体积	HTTTJ	m^3	67.91	67.917	-0.007	表格
			B：土方填运		运余土体积	YYTTJ	m^3	47.81	47.796	0.014	表格
		提示：1. 是否在表格输入里建回填土和余土外运？2. 室内外高差是否为 -0.45？3. 基础里是否画全开挖、垫层、满堂基础、柱子、墙并修改标高？									

五、零星项目工程量计算											
零星	类型	名称	编码 同名称	项目名称		工程量表达式	单位	手工结果	软件结果	误差	软件构件
				图纸信息	同表达式说明						
零星项目	水落管	水落管	B：水落管	长度	(7.1 +0.45)×4	(7.1 +0.45)×4	m	30.2	30.2	0	表格
			B：水落管	弯头个数	4个	4	个	4	4	0	表格
			B：水落管	水口个数	4个	4	个	4	4	0	表格
			B：水落管	水斗个数	4个	4	个	4	4	0	表格
		提示：1. 是否在表格输入里建水落管？									
	整楼	脚手架	B：脚手架		综合脚手架面积	ZHJSJMJ	m^2	153.536	153.536	0	表格
		提示：1. 是否整楼汇总计算？是否每层分别画建筑面积？2. 阳台建筑面积是否设置为计算一半？3. 代码选择是否正确？4. 挑檐在阳台里定义是否设置为不计算建筑面积？									

3.2.4.2　培训楼软件计算结果汇总表

（1）1 层软件工程量汇总表（见表 3-2）

表 3-2　1 层工程量汇总表

序号	编码	项目名称	单位	工程量
1	B：板 100	C25 <体积>	m^3	5.084
2	B：板 100	<侧面模板面积>	m^2	0
3	B：板 100	<模板面积>	m^2	50.636
4	B：窗 1	塑钢窗 <数量>	樘	4
5	B：窗 1	塑钢窗 <洞口面积>	m^2	10.8
6	B：窗 2	塑钢窗 <洞口面积>	m^2	3.24
7	B：窗 2	塑钢窗 <数量>	樘	1

续表

序号	编码	项目名称	单位	工程量
8	B：房1层钢训室	地9<地面积>（计算房心垫层用）	m^2	17.626
9	B：房1层钢训室	踢10A<踢脚块料长度>	m	17.14
10	B：房1层钢训室	棚2B<天棚抹灰面积>	m^2	17.626
11	B：房1层钢训室	内墙5A<墙面抹灰面积>	m^2	54.74
12	B：房1层钢训室	地9<块料地面积>	m^2	17.647
13	B：房1层接待室	内墙5A<墙面抹灰面积>	m^2	25.11
14	B：房1层接待室	棚26<吊顶面积>	m^2	15.592
15	B：房1层接待室	地25A<块料地面积>	m^2	16.326
16	B：房1层接待室	裙10A1<墙裙块料面积>	m^2	14.196
17	B：房1层接待室	地25A<地面积>（计算房心垫层用）	m^2	15.592
18	B：房1层楼梯间	踢2A<踢脚抹灰长度>	m	12.24
19	B：房1层楼梯间	地3A<地面积>	m^2	7.924
20	B：房1层楼梯间	内墙5A<墙面抹灰面积>	m^2	38.934
21	B：房1层图训室	踢10A<踢脚块料长度>	m	17.14
22	B：房1层图训室	地9<块料地面积>	m^2	17.647
23	B：房1层图训室	内墙5A<墙面抹灰面积>	m^2	54.74
24	B：房1层图训室	地9<地面积>（计算房心垫层用）	m^2	17.626
25	B：房1层图训室	棚2B<天棚抹灰面积>	m^2	17.626
26	B：过梁18	C25<体积>	m^3	0.686
27	B：过梁18	<模板面积>	m^2	6.594
28	B：过梁24	<模板面积>	m^2	2.28
29	B：过梁24	C25<体积>	m^3	0.258
30	B：过梁12	C25<体积>	m^3	0.121
31	B：过梁12	<模板面积>	m^2	1.656
32	B：建筑面积	<建筑面积>［1层］	m^2	75.4
33	B：建筑面积	<建筑面积>［2层］	m^2	0
34	B：脚手架	<综合脚手架面积>	m^2	75.4
35	B：框梁240×500	<模板面积>	m^2	15.612
36	B：框梁240×500	C25<体积>	m^3	1.716
37	B：框梁370×500	<模板面积>	m^2	39.272
38	B：框梁370×500	C25<体积>	m^3	5.661
39	B：楼梯	C25<投影面积>	m^2	7.924

续表

序号	编码	项目名称	单位	工程量
40	B：楼梯	不锈钢栏杆扶手长度	m	7.259
41	B：门1	镶板门<数量>	樘	1
42	B：门1	镶板门<洞口面积>	m^2	6.48
43	B：门2	胶合板门<数量>	樘	2
44	B：门2	胶合板门<洞口面积>	m^2	4.32
45	B：门3	胶合板门<数量>	樘	1
46	B：门3	胶合板门<洞口面积>	m^2	1.89
47	B：平整场地	面积×1.4	m^2	105.56
48	B：墙24	50号混浆<体积>	m^3	9.028
49	B：墙37	50号混浆<体积>	m^3	26.04
50	B：散水	<面积>	m^2	18.975
51	B：散水	C10混凝土垫层体积<面积>×0.08	m^3	1.518
52	B：散水	垫层模板(外围长度-3.9/2)×0.08	m^2	2.936
53	B：散水	贴墙伸缩缝<贴墙长度>	m	36.2
54	B：散水伸缩缝	<长度>	m	4.761
55	B：水落管	水斗个数	个	4
56	B：水落管	水口个数	个	4
57	B：水落管	长度（7.1+0.45）×4	m	30.2
58	B：水落管	弯头个数	个	4
59	B：台阶	<面积>	m^2	6.24
60	B：土方填运	<运余土体积>	m^3	0
61	B：土方填运	<回填土体积>	m^3	0
62	B：外装1层	外墙27A1<外墙裙块料面积>［1层］-台阶靠墙立面	m^2	30.182
63	B：外装1层	外墙27A1<外墙块料面积>［1层］	m^2	102.083
64	B：外装2层	外墙27A1<外墙块料面积>［2层］	m^2	0
65	B：外装3层	外墙27A1<建筑外周长>［屋面层］×0.54	m^2	0
66	B：柱1-500×500	C25<体积>	m^3	3.6
67	B：柱1-500×500	<模板面积>	m^2	28.8
68	B：柱2-400×500	<模板面积>	m^2	25.92
69	B：柱2-400×500	C25<体积>	m^3	2.88
70	B：柱3-400×400	<模板面积>	m^2	11.52
71	B：柱3-400×400	C25<体积>	m^3	1.152

（2）2 层软件工程量汇总表（见表 3-3）

表 3-3　2 层工程量汇总表

序号	编码	项目名称	单位	工程量
1	B：板 100	C25 <体积>	m^3	5.877
2	B：板 100	<侧面模板面积>	m^2	0
3	B：板 100	<模板面积>	m^2	58.526
4	B：窗 1	塑钢窗 <数量>	樘	4
5	B：窗 1	塑钢窗 <洞口面积>	m^2	10.8
6	B：窗 2	塑钢窗 <洞口面积>	m^2	3.24
7	B：窗 2	塑钢窗 <数量>	樘	1
8	B：房 2 层会客厅	内墙 5A <墙面抹灰面积>	m^2	44.1
9	B：房 2 层会客厅	棚 2B <天棚抹灰面积>	m^2	15.592
10	B：房 2 层会客厅	楼 8D <块料地面积>	m^2	16.049
11	B：房 2 层会客厅	踢 10A <踢脚块料长度>	m	13.33
12	B：房 2 层楼梯间	棚 2B <天棚抹灰面积>	m^2	7.924
13	B：房 2 层楼梯间	内墙 5A <墙面抹灰面积>	m^2	37.71
14	B：房 2 层清训室	楼 2D <地面积>	m^2	17.626
15	B：房 2 层清训室	踢 2A <踢脚抹灰长度>	m	17.64
16	B：房 2 层清训室	棚 2B <天棚抹灰面积>	m^2	17.626
17	B：房 2 层清训室	内墙 5A <墙面抹灰面积>	m^2	54.74
18	B：房 2 层预训室	棚 2B <天棚抹灰面积>	m^2	17.626
19	B：房 2 层预训室	内墙 5A <墙面抹灰面积>	m^2	54.74
20	B：房 2 层预训室	踢 2A <踢脚抹灰长度>	m	17.64
21	B：房 2 层预训室	楼 2D <地面积>	m^2	17.626
22	B：过梁 18	C25 <体积>	m^3	0.686
23	B：过梁 18	<模板面积>	m^2	6.594
24	B：过梁 24	<模板面积>	m^2	2.28
25	B：过梁 24	C25 <体积>	m^3	0.258
26	B：过梁 12	C25 <体积>	m^3	0.121
27	B：过梁 12	<模板面积>	m^2	1.656
28	B：建筑面积	<建筑面积>［1 层］	m^2	0
29	B：建筑面积	<建筑面积>［2 层］	m^2	78.136

续表

序号	编码	项目名称	单位	工程量
30	B：脚手架	＜综合脚手架面积＞	m^2	78.136
31	B：框梁240×500	＜模板面积＞	m^2	14.872
32	B：框梁240×500	C25＜体积＞	m^3	1.716
33	B：框梁370×650	＜模板面积＞	m^2	48.042
34	B：框梁370×650	C25＜体积＞	m^3	7.359
35	B：楼梯	不锈钢栏杆扶手长度	m	7.259
36	B：门2	胶合板门＜数量＞	樘	2
37	B：门2	胶合板门＜洞口面积＞	m^2	4.32
38	B：门3	胶合板门＜数量＞	樘	1
39	B：门3	胶合板门＜洞口面积＞	m^2	1.89
40	B：门联窗1	塑钢＜数量＞	个	1
41	B：门联窗1	塑钢＜窗洞口面积＞	m^2	2.7
42	B：门联窗1	塑钢＜洞口面积＞	m^2	5.13
43	B：门联窗1	塑钢＜门洞口面积＞	m^2	2.43
44	B：墙24	50号混浆＜体积＞	m^3	9.028
45	B：墙37	50号混浆＜体积＞	m^3	24.834
46	B：水落管	水斗个数	个	4
47	B：水落管	水口个数	个	4
48	B：水落管	长度（7.1+0.45）×4	m	30.2
49	B：水落管	弯头个数	个	4
50	B：土方填运	＜运余土体积＞	m^3	0
51	B：土方填运	＜回填土体积＞	m^3	0
52	B：外装1层	外墙27A1＜外墙裙块料面积＞ ［首层］－台阶靠墙立面	m^2	-1.485
53	B：外装1层	外墙27A1＜外墙块料面积＞［1层］	m^2	0
54	B：外装2层	外墙27A1＜外墙块料面积＞［2层］	m^2	119.087
55	B：外装3层	外墙27A1＜建筑外周长＞［屋面层］×0.54	m^2	0
56	B：阳台	阳台板侧面积＜栏板外边线长度＞×0.1	m^2	0.696
57	B：阳台	阳台出水口个数	个	2
58	B：阳台	棚2B＜板面积＞	m^2	5.472
59	B：阳台	楼8D＜地面积＞	m^2	5.062
60	B：阳台	阳台C25＜板体积＞	m^3	0.547
61	B：阳台	阳台栏板内装修＜栏板墙面面积＞	m^2	6.048
62	B：阳台	阳台栏板外装修＜栏板外边线长度＞×0.9	m^2	6.264
63	B：阳台栏板	C25＜体积＞	m^3	0.369
64	B：阳台栏板	＜模板面积＞	m^2	12.312
65	B：阳台栏板	顶面积＜中心线长度＞×0.06	m^2	0.41
66	B：柱1-500×500	C25＜体积＞	m^3	3.6
67	B：柱1-500×500	＜模板面积＞	m^2	28.8
68	B：柱2-400×500	＜模板面积＞	m^2	25.92
69	B：柱2-400×500	C25＜体积＞	m^3	2.88
70	B：柱3-400×400	＜模板面积＞	m^2	11.52
71	B：柱3-400×400	C25＜体积＞	m^3	1.152

（3）屋面层工程量汇总表（见表3-4）

表3-4　屋面层工程量汇总表

序号	编码	项目名称	单位	工程量
1	B：建筑面积	<建筑面积>［1层］	m^2	0
2	B：建筑面积	<建筑面积>［2层］	m^2	0
3	B：脚手架	<综合脚手架面积>	m^2	0
4	B：楼梯	不锈钢栏杆扶手长度	m^3	7.259
5	B：女儿墙内装	外墙5A540高墙<墙裙抹灰面积>	m^2	18.511
6	B：墙24	50号混浆<体积>	m	4.249
7	B：水落管	水斗个数	个	4
8	B：水落管	水口个数	个	4
9	B：水落管	长度（7.1+0.45）×4	m	30.2
10	B：水落管	弯头个数	个	4
11	B：挑檐	挑檐底板侧面积<栏板外边线长度>×0.1	m^2	4.232
12	B：挑檐	挑檐C25<板体积>	m^3	2.59
13	B：挑檐	挑檐栏板内装修<栏板墙面面积>	m^2	8.32
14	B：挑檐	挑檐栏板外装修<栏板外边线长度>×0.2	m^2	8.464
15	B：挑檐	棚2B<板面积>	m^2	25.898
16	B：挑檐栏板	顶面积<中心线长度>×0.06	m^2	2.518
17	B：挑檐栏板	<模板面积>	m^2	16.784
18	B：挑檐栏板	C25<体积>	m^3	0.504
19	B：土方填运	<运余土体积>	m^3	0
20	B：土方填运	<回填土体积>	m^3	0
21	B：外装1层	外墙27A1<外墙裙块料面积>［1层］－台阶靠墙立面	m^2	-1.485
22	B：外装1层	外墙27A1<外墙块料面积>［1层］	m^2	0
23	B：外装2层	外墙27A1<外墙块料面积>［2层］	m^2	0
24	B：外装3层	外墙27A1<建筑外周长>［屋面层］×0.54	m^2	19.548
25	B：屋面（板顶）	平面<面积>	m^2	66.942
26	B：屋面（板顶）	立面<卷边面积>	m^2	8.57
27	B：屋面（挑檐）	平面<面积>	m^2	23.38
28	B：屋面（挑檐）	立面<卷边面积>	m^2	17.37
29	B：压顶	C25<体积>	m^3	0.607
30	B：压顶	模板面积<轴线长度>×2×0.09	m^2	6.343
31	B：压顶	周边抹灰面积<轴线长度>×0.48	m^2	16.915
32	B：柱24×24（构造）	C25<体积>	m^3	0.346
33	B：柱24×24（构造）	<模板面积>	m^2	3.456

（4）基础层工程量汇总表（见表3-5）

表3-5　基础层工程量汇总表

序号	编码	项目名称	单位	工程量
1	B：建筑面积	＜建筑面积＞［1层］	m^2	0
2	B：建筑面积	＜建筑面积＞［2层］	m^2	0
3	B：脚手架	＜综合脚手架面积＞	m^2	0
4	B：楼梯	不锈钢栏杆扶手长度	m	7.259
5	B：满基垫层	＜底面积＞	m^2	88.56
6	B：满基垫层	C15＜体积＞	m^3	8.856
7	B：满基垫层	＜模板面积＞	m^2	3.9
8	B：满基梁400×500	C30＜体积＞	m^3	1.208
9	B：满基梁400×500	＜模板面积＞	m^2	6.04
10	B：满基梁500×500	＜模板面积＞	m^2	13.68
11	B：满基梁500×500	C30＜体积＞	m^3	3.42
12	B：满堂基础	C30＜体积＞	m^3	25.126
13	B：满堂基础	＜模板面积＞	m^2	7.64
14	B：墙24（基础）	50号水浆＜体积＞	m^3	3.432
15	B：墙37（基础）	50号水浆＜体积＞	m^3	11.148
16	B：水落管	水斗个数	个	4
17	B：水落管	水口个数	个	4
18	B：水落管	长度（7.1+0.45）×4	m	30.2
19	B：水落管	弯头个数	个	4
20	B：土方开挖	＜底面积＞	m^2	100.62
21	B：土方开挖	＜土方体积＞	m^3	115.713
22	B：土方填运	＜运余土体积＞	m^3	47.796
23	B：土方填运	＜回填土体积＞	m^3	67.917
24	B：外装1层	外墙27A1＜外墙裙块料面积＞［1层］－台阶靠墙立面	m^2	−1.485
25	B：外装1层	外墙27A1＜外墙块料面积＞［1层］	m^2	0
26	B：外装2层	外墙27A1＜外墙块料面积＞［2层］	m^2	0
27	B：外装3层	外墙27A1＜建筑外周长＞［屋面层］×0.54	m^2	0
28	B：柱1－500×500（基）	C30＜体积＞	m^3	1
29	B：柱1－500×500（基）	＜模板面积＞	m^2	8
30	B：柱2－400×500（基）	C30＜体积＞	m^3	0.8
31	B：柱2－400×500（基）	＜模板面积＞	m^2	7.2
32	B：柱3－400×400（基）	＜模板面积＞	m^2	3.2
33	B：柱3－400×400（基）	C30＜体积＞	m^3	0.32

（5）整楼软件工程量汇总表（见表3-6）

表3-6　整楼工程量汇总表

序号	编　码	项　目　名　称	单位	工程量
1	B：板100	C25 <体积>	m^3	10.961
2	B：板100	<侧面模板面积>	m^2	0
3	B：板100	<模板面积>	m^2	109.162
4	B：窗1	塑钢窗 <数量>	樘	8
5	B：窗1	塑钢窗 <洞口面积>	m^2	21.6
6	B：窗2	塑钢窗 <洞口面积>	m^2	6.48
7	B：窗2	塑钢窗 <数量>	樘	2
8	B：房1层钢训室	地9 <地面积>（计算房心垫层用）	m^2	17.626
9	B：房1层钢训室	踢10A <踢脚块料长度>	m	17.14
10	B：房1层钢训室	棚2B <天棚抹灰面积>	m^2	17.626
11	B：房1层钢训室	内墙5A <墙面抹灰面积>	m^2	54.74
12	B：房1层钢训室	地9 <块料地面积>	m^2	17.647
13	B：房1层接待室	内墙5A <墙面抹灰面积>	m^2	25.11
14	B：房1层接待室	棚26 <吊顶面积>	m^2	15.592
15	B：房1层接待室	地25A <块料地面积>	m^2	16.326
16	B：房1层接待室	裙10A1 <墙裙块料面积>	m^2	14.196
17	B：房1层接待室	地25A <地面积>（计算房心垫层用）	m^2	15.592
18	B：房1层楼梯间	踢2A <踢脚抹灰长度>	m	12.24
19	B：房1层楼梯间	地3A <地面积>	m^2	7.924
20	B：房1层楼梯间	内墙5A <墙面抹灰面积>	m^2	38.934
21	B：房1层图训室	踢10A <踢脚块料长度>	m	17.14
22	B：房1层图训室	地9 <块料地面积>	m^2	17.647
23	B：房1层图训室	内墙5A <墙面抹灰面积>	m^2	54.74
24	B：房1层图训室	地9 <地面积>（计算房心垫层用）	m^2	17.626
25	B：房1层图训室	棚2B <天棚抹灰面积>	m^2	17.626
26	B：房2层会客厅	内墙5A <墙面抹灰面积>	m^2	44.1
27	B：房2层会客厅	棚2B <天棚抹灰面积>	m^2	15.592
28	B：房2层会客厅	楼8D <块料地面积>	m^2	16.049

续表

序号	编　码	项　目　名　称	单位	工程量
29	B：房2层会客厅	踢10A<踢脚块料长度>	m	13.33
30	B：房2层楼梯间	棚2B<天棚抹灰面积>	m^2	7.924
31	B：房2层楼梯间	内墙5A<墙面抹灰面积>	m^2	37.71
32	B：房2层清训室	楼2D<地面积>	m^2	17.626
33	B：房2层清训室	踢2A<踢脚抹灰长度>	m	17.64
34	B：房2层清训室	棚2B<天棚抹灰面积>	m^2	17.626
35	B：房2层清训室	内墙5A<墙面抹灰面积>	m^2	54.74
36	B：房2层预训室	棚2B<天棚抹灰面积>	m^2	17.626
37	B：房2层预训室	内墙5A<墙面抹灰面积>	m^2	54.74
38	B：房2层预训室	踢2A<踢脚抹灰长度>	m	17.64
39	B：房2层预训室	楼2D<地面积>	m^2	17.626
40	B：过梁18	C25<体积>	m^3	1.372
41	B：过梁18	<模板面积>	m^2	13.188
42	B：过梁24	<模板面积>	m^2	4.56
43	B：过梁24	C25<体积>	m^3	0.515
44	B：过梁12	C25<体积>	m^3	0.242
45	B：过梁12	<模板面积>	m^2	3.312
46	B：建筑面积	<建筑面积>［1层］	m^2	75.4
47	B：建筑面积	<建筑面积>［2层］	m^2	78.136
48	B：脚手架	<综合脚手架面积>	m^2	153.536
49	B：框梁240×500	<模板面积>	m^2	30.484
50	B：框梁240×500	C25<体积>	m^3	3.432
51	B：框梁370×500	<模板面积>	m^2	39.272
52	B：框梁370×500	C25<体积>	m^3	5.661
53	B：框梁370×650	<模板面积>	m^2	48.042
54	B：框梁370×650	C25<体积>	m^3	7.359
55	B：楼梯	C25<投影面积>	m^2	7.924
56	B：楼梯	不锈钢栏杆扶手长度	m	7.259
57	B：满基垫层	<底面积>	m^2	88.56
58	B：满基垫层	C15<体积>	m^3	8.856

续表

序号	编码	项目名称	单位	工程量
59	B：满基垫层	<模板面积>	m^2	3.9
60	B：满基梁 400×500	C30<体积>	m^3	1.208
61	B：满基梁 400×500	<模板面积>	m^2	6.04
62	B：满基梁 500×500	<模板面积>	m^2	13.68
63	B：满基梁 500×500	C30<体积>	m^3	3.42
64	B：满堂基础	C30<体积>	m^3	25.126
65	B：满堂基础	<模板面积>	m^2	7.64
66	B：门 1	镶板门<数量>	樘	1
67	B：门 1	镶板门<洞口面积>	m^2	6.48
68	B：门 2	胶合板门<数量>	樘	4
69	B：门 2	胶合板门<洞口面积>	m^2	8.64
70	B：门 3	胶合板门<数量>	樘	2
71	B：门 3	胶合板门<洞口面积>	m^2	3.78
72	B：门联窗 1	塑钢<数量>	个	1
73	B：门联窗 1	塑钢<窗洞口面积>	m^2	2.7
74	B：门联窗 1	塑钢<洞口面积>	m^2	5.13
75	B：门联窗 1	塑钢<门洞口面积>	m^2	2.43
76	B：女儿墙内装	外墙 5A 540 高墙<墙裙抹灰面积>	m^2	18.511
77	B：平整场地	面积×1.4	m^2	105.56
78	B：墙 24	50 号混浆<体积>	m	22.305
79	B：墙 37	50 号混浆<体积>	m^3	50.874
80	B：墙 24（基础）	50 号水浆<体积>	m^3	3.432
81	B：墙 37（基础）	50 号水浆<体积>	m^3	11.148
82	B：散水	<面积>	m^2	18.975
83	B：散水	C10 混凝土垫层体积<面积>×0.08	m^3	1.518
84	B：散水	垫层模板（外围长度-3.9/2）×0.08	m^2	2.936
85	B：散水	贴墙伸缩缝<贴墙长度>	m	36.2
86	B：散水伸缩缝	<长度>	m	4.761
87	B：水落管	水斗个数	个	4
88	B：水落管	水口个数	个	4

续表

序号	编　码	项　目　名　称	单位	工程量
89	B：水落管	长度（7.1+0.45）×4	m	30.2
90	B：水落管	弯头个数	个	4
91	B：台阶	＜面积＞	m^2	6.24
92	B：挑檐	挑檐底板侧面积＜栏板外边线长度＞×0.1	m^2	4.232
93	B：挑檐	挑檐 C25＜板体积＞	m^3	2.59
94	B：挑檐	挑檐栏板内装修＜栏板墙面面积＞	m^2	8.32
95	B：挑檐	挑檐栏板外装修＜栏板外边线长度＞×0.2	m^2	8.464
96	B：挑檐	棚 2B＜板面积＞	m^2	25.898
97	B：挑檐栏板	顶面积＜中心线长度＞×0.06	m^2	2.518
98	B：挑檐栏板	＜模板面积＞	m^2	16.784
99	B：挑檐栏板	C25＜体积＞	m^3	0.504
100	B：土方开挖	＜底面积＞	m^2	100.62
101	B：土方开挖	＜土方体积＞	m^3	115.713
102	B：土方填运	＜运余土体积＞	m^3	47.796
103	B：土方填运	＜回填土体积＞	m^3	67.917
104	B：外装 1 层	外墙 27A1＜外墙裙块料面积＞[1 层]－台阶靠墙立面	m^2	30.182
105	B：外装 1 层	外墙 27A1＜外墙块料面积＞［1 层］	m^2	102.083
106	B：外装 2 层	外墙 27A1＜外墙块料面积＞［2 层］	m^2	119.087
107	B：外装 3 层	外墙 27A1＜建筑外周长［屋面层］＞×0.54	m^2	19.548
108	B：屋面（板顶）	平面＜面积＞	m^2	66.942
109	B：屋面（板顶）	立面＜卷边面积＞	m^2	8.57
110	B：屋面（挑檐）	平面＜面积＞	m^2	23.38
111	B：屋面（挑檐）	立面＜卷边面积＞	m^2	17.37
112	B：压顶	C25＜体积＞	m^3	0.607
113	B：压顶	模板面积＜轴线长度＞×2×0.09	m^2	6.343
114	B：压顶	周边抹灰面积＜轴线长度＞×0.48	m^2	16.915
115	B：阳台	阳台板侧面积＜栏板外边线长度＞×0.1	m^2	0.696
116	B：阳台	阳台出水口个数	个	2
117	B：阳台	棚 2B＜板面积＞	m^2	5.472
118	B：阳台	楼 8D＜地面积＞	m^2	5.062

续表

序号	编　码	项　目　名　称	单位	工程量
119	B：阳台	阳台 C25 <板体积>	m^3	0.547
120	B：阳台	阳台栏板内装修 <栏板墙面面积>	m^2	6.048
121	B：阳台	阳台栏板外装修 <栏板外边线长度> ×0.9	m^2	6.264
122	B：阳台栏板	C25 <体积>	m^3	0.369
123	B：阳台栏板	<模板面积>	m^2	12.312
124	B：阳台栏板	顶面积 <中心线长度> ×0.06	m^2	0.41
125	B：柱 1 -500×500	C25 <体积>	m^3	7.2
126	B：柱 1 -500×500	<模板面积>	m^2	57.6
127	B：柱 1 -500×500（基）	C30 <体积>	m^3	1
128	B：柱 1 -500×500（基）	<模板面积>	m^2	8
129	B：柱 2 -400×500	<模板面积>	m^2	51.84
130	B：柱 2 -400×500	C25 <体积>	m^3	5.76
131	B：柱 2 -400×500（基）	C30 <体积>	m^3	0.8
132	B：柱 2 -400×500（基）	<模板面积>	m^2	7.2
133	B：柱 24×24（构造）	C25 <体积>	m^3	0.346
134	B：柱 24×24（构造）	<模板面积>	m^2	3.456
135	B：柱 3 -400×400	<模板面积>	m^2	23.04
136	B：柱 3 -400×400	C25 <体积>	m^3	2.304
137	B：柱 3 -400×400（基）	<模板面积>	m^2	3.2
138	B：柱 3 -400×400（基）	C30 <体积>	m^3	0.32

思考与练习

门窗洞口

1. 窗的块料侧壁是计算三面还是四面，软件是如何计算的，计算侧壁时是否考虑窗框的厚度？窗在墙中的位置对块料侧壁有什么影响？

2. 当天棚有梁时，软件是怎么计算天棚装修面积的？

3. 用软件怎样调整门窗的立樘偏中距离？

4. 怎样利用软件计算窗台板？

过梁

1. 软件默认过梁长度是多少？伸入 500 是单边还是两边的？软件默认过量的宽度是

多少？

2. 软件是如何计算过梁模板的？

3. 过梁和柱子是否有扣减关系？

4. 过梁的标高是由什么控制的？

5. 过梁和圈梁重叠时，软件是怎样处理的？

6. 怎样利用洞口宽度范围计算过梁的工程量？

墙体

1. 计算软件墙体时候要扣减哪些构件的工程量？

2. 软件计算370墙是按多厚计算的？软件如何处理？

3. 外墙和板是否有扣减关系？内墙和板是否有扣减关系？

4. 请说出轴线距左墙皮的距离是什么意思？它与画图的方向是什么关系？

5. 如果在属性定义时填写了墙的标高，其他层是否能画上？为什么？我们应该如何修改墙的高度？

6. 虚墙有什么意义？

7. 软件并没有压顶的工程量，我们如何利用软件计算压顶？

8. 如何利用软件计算压顶的装修量？

梁

1. 软件如何计算框架梁的体积和模板的？

2. 软件在计算圈梁模板时，是否考虑相交部分的模板面积？

柱

1. 软件是如何计算框架柱体积的？框架柱体积和构造柱体积有什么区别？

2. 软件如何计算框架柱模板的？框架柱模板和构造柱模板有什么区别？

3. 如果要统计框架柱的根数，软件如何处理？

4. 构造柱和板是否有扣减关系？

5. 构造柱和门窗是否有扣减关系？

6. 请写出“设置构造柱靠墙边”的操作步骤？

板

1. 板在什么情况下要计算侧模，软件如何处理板的侧面模板。

2. 板与内外墙有没有扣减关系，如何扣减？

3. 板和圈梁、梁如何扣减？

4. 软件如何处理板洞？用软件板洞是否是最佳方法？

5. 大于$0.3m^2$的板洞对板的侧模有什么影响？

台阶

1. 台阶和外墙是否有扣减关系？如果没有，软件如何处理？

2. 怎样利用软件计算出台阶的踏步立面装修面积？

散水

1. 软件是怎么计算散水的贴墙长度的？如何利用软件计算散水角上的伸缩缝？

2. 如果让你计算散水的侧面模板，软件如何计算？

内装修

1. 抹灰踢脚对墙面的装修是否有影响？块料踢脚呢？

2. 如果不填写踢脚高度，软件能否计算出踢脚的工程量？

3. 属性定义时候吊顶高度指的是什么？如果不填写吊顶高度，软件能否计算出吊顶工程量？软件是如何计算吊顶工程量的？

4. 我们画好一个房间，踢脚为0，我们应该在什么地方修改？

外装修

1. 软件是如何计算女儿墙的外装修的？

2. 我们如何利用单墙控制我们想要的外装修工程量？

3. 外墙块料面积和是否包括门窗的侧壁，软件计算窗的侧壁时候是计算三面还是四面？

4. 外墙装修是否已经包括压顶的侧面抹灰？我们如何控制？

阳台

1. 阳台和墙体是否省扣减关系？怎样扣减？

2. 阳台板是否会自动计算到栏板边？

3. 栏板和墙体是否有扣减关系？

4. 怎样计算挑檐的防水面积？

5. 怎样计算挑檐立板的外装修面积？

6. 如何利用阳台处理挑檐的工程量？

屋面

1. 如何利用屋面的代码计算女儿墙的内装修面积？

2. 如何利用房间计算女儿墙的内装修面积？

3. 软件并没有压顶的构件，我们如何利用软件计算压顶体积？

4. 如何利用软件计算压顶的装修量？

5. 软件外墙装修是否已包括压顶的侧面装修，我们如何控制？

基础

1. 我们在基础层画梁，柱一墙软件默认的底标高是多少？我们如何处理？

2. 基础梁和满堂基础是什么关系？

3. 基础墙和满堂基础是什么关系？

其他

1. 软件是如何计算平整场地的？

2. 软件是如何计算建筑面积的？

3. 是否所有的构件都需要用画图的方法来处理？

3.3 怎样用软件算出的量套定额

3.3.1 怎样才能做到套价工作量最小

由“整楼工程量汇总表”可以看出，此工程我们要套的价是138项，其中有很多项套的是同一条子目，给我们的套价工作带来很多麻烦，我们怎样才能减少套价的工作量呢？下面介绍这种技巧。

第一步：将此工程复制一个工程并改名。

第二步：打开已经复制好的工程，将需要套同一条子目的量改成同一个编码。如“窗1”、“窗2”改成“窗”。房间全改成“房”等。

第三步：再次汇总，这样如果是相同编码且项目名称相同，软件会自动合并，相同编码但项目名称不同，软件会自动排列在一起，便于以后套价。

3.3.2 相同子目合并后工程量汇总表

下表是相同编码合并后的工程量汇总表，从138项减少到94项（见表3-7）。

表3-7 相同子目合并后工程量汇总表

序号	编 码	项 目 名 称	单位	工程量
1	B：板100	<侧面模板面积>	m^2	0
2	B：板100	<模板面积>	m^2	109.162
3	B：板100	C25<体积>	m^3	10.961
4	B：窗	塑钢窗<洞口面积>	m^2	28.08
5	B：窗	塑钢窗<数量>	樘	10
6	B：房	地25A<块料地面积>	m^2	16.326
7	B：房	裙10A1<墙裙块料面积>	m^2	14.196
8	B：房	棚26<吊顶面积>	m^2	15.592
9	B：房	地25A<地面积>（计算房心垫层用）	m^2	15.592
10	B：房	地9<地面积>（计算房心垫层用）	m^2	35.252
11	B：房	棚2B<天棚抹灰面积>	m^2	94.02
12	B：房	地9<块料地面积>	m^2	35.294
13	B：房	踢2A<踢脚抹灰长度>	m	47.52
14	B：房	楼8D<块料地面积>	m^2	16.049
15	B：房	楼2D<地面积>	m^2	35.252
16	B：房	踢10A<踢脚块料长度>	m	47.61
17	B：房	地3A<地面积>	m^2	7.924
18	B：房	内墙5A<墙面抹灰面积>	m^2	364.814
19	B：过梁	C25<体积>	m^3	2.129
20	B：过梁	<模板面积>	m^2	21.06
21	B：建筑面积	<建筑面积>[2层]	m^2	78.136
22	B：建筑面积	<建筑面积>[1层]	m^2	75.4
23	B：脚手架	<综合脚手架面积>	m^2	153.536
24	B：框梁	C25<体积>	m^3	16.452
25	B：框梁	<模板面积>	m^2	117.798
26	B：楼梯	不锈钢栏杆扶手长度	m	7.259
27	B：楼梯	C25<投影面积>	m^2	7.924
28	B：满基垫层	<模板面积>	m^2	3.9
29	B：满基垫层	<底面积>	m^2	88.56
30	B：满基垫层	C15<体积>	m^3	8.856

续表

序号	编　码	项 目 名 称	单位	工程量
31	B：满基梁	C30<体积>	m^3	4.628
32	B：满基梁	<模板面积>	m^2	19.72
33	B：满堂基础	<模板面积>	m^2	7.64
34	B：满堂基础	C30<体积>	m^3	25.126
35	B：门	胶合板门<洞口面积>	m^2	12.42
36	B：门	胶合板门<数量>	樘	6
37	B：门	镶板门<洞口面积>	m^2	6.48
38	B：门	镶板门<数量>	樘	1
39	B：门联窗 1	塑钢<门洞口面积>	m^2	2.43
40	B：门联窗 1	塑钢<窗洞口面积>	m^2	2.7
41	B：门联窗 1	塑钢<洞口面积>	m^2	5.13
42	B：门联窗 1	塑钢<数量>	个	1
43	B：女儿墙内装修	外墙 5A 540 高墙<墙裙抹灰面积>	m^2	18.511
44	B：平整场地	面积×1.4	m^2	105.56
45	B：墙 24	50 号混浆<体积>	m	22.305
46	B：墙 37	50 号混浆<体积>	m^3	50.874
47	B：墙 24（基础）	50 号水浆<体积>	m^3	3.432
48	B：墙 37（基础）	50 号水浆<体积>	m^3	11.148
49	B：散水	C10 混凝土垫层体积<面积>×0.08	m^3	1.518
50	B：散水	贴墙伸缩缝<贴墙长度>	m	36.2
51	B：散水	<面积>	m^2	18.975
52	B：散水	垫层模板(外围长度-3.9/2)×0.08	m^2	2.936
53	B：散水伸缩缝	<长度>	m	4.761
54	B：水落管	弯头个数	个	4
55	B：水落管	长度（7.1+0.45）×4	m	30.2
56	B：水落管	水斗个数	个	4
57	B：水落管	水口个数	个	4
58	B：台阶	<面积>	m^2	6.24
59	B：挑檐	挑檐底板侧面积<栏板外边线长度>×0.1	m^2	4.232
60	B：挑檐	挑檐 C25<板体积>	m^3	2.59
61	B：挑檐	挑檐栏板外装修<栏板外边线长度>×0.2	m^2	8.464
62	B：挑檐	挑檐栏板内装修<栏板墙面面积>	m^2	8.32
63	B：挑檐	棚 2B<板面积>	m^2	25.898
64	B：挑檐栏板	C25<体积>	m^3	0.504

续表

序号	编　码	项　目　名　称	单位	工程量
65	B：挑檐栏板	<模板面积>	m^2	16.784
66	B：挑檐栏板	顶面积<中心线长度>×0.06	m^2	2.518
67	B：土方开挖	<土方体积>	m^3	115.713
68	B：土方开挖	<底面积>	m^2	100.62
69	B：土方填运	<回填土体积>	m^3	67.917
70	B：土方填运	<运余土体积>	m^3	47.796
71	B：外装	外墙 27A1	m^2	240.717
72	B：外装	外墙 27A1<外墙裙块料面积>	m^2	30.182
73	B：屋面（板顶）	平面<面积>	m^2	66.942
74	B：屋面（板顶）	立面<卷边面积>	m^2	8.57
75	B：屋面（挑檐）	平面<面积>	m^2	23.38
76	B：屋面（挑檐）	立面<卷边面积>	m^2	17.37
77	B：压顶	模板面积<轴线长度>×2×0.09	m^2	6.343
78	B：压顶	周边抹灰面积<轴线长度>×0.48	m^2	16.915
79	B：压顶	C25<体积>	m^3	0.607
80	B：阳台	楼 8D<地面积>	m^2	5.062
81	B：阳台	阳台 C25<板体积>	m^3	0.547
82	B：阳台	阳台出水口个数	个	2
83	B：阳台	棚 2B<板面积>	m^2	5.472
84	B：阳台	阳台栏板内装修<栏板墙面面积>	m^2	6.048
85	B：阳台	阳台栏板外装修<栏板外边线长度>×0.9	m^2	6.264
86	B：阳台	阳台板侧面积<栏板外边线长度>×0.1	m^2	0.696
87	B：阳台栏板	C25<体积>	m^3	0.369
88	B：阳台栏板	<模板面积>	m^2	12.312
89	B：阳台栏板	顶面积<中心线长度>×0.06	m^2	0.41
90	B：柱	C30<体积>	m^3	2.12
91	B：柱	<模板面积>	m^2	150.88
92	B：柱	C25<体积>	m^3	15.264
93	B：柱 24×24（构造）	<模板面积>	m^2	3.456
94	B：柱 24×24（构造）	C25<体积>	m^3	0.346

3.3.2.1　怎样用软件算出来的量套定额

很多人喜欢将算量的结果直接导入到预算软件，认为这种做法省事。其实，我的经验是这种方法往往更费事，因为在套价过程中发现某个地方出错，回到图形软件修改，再导入到预算软件，以前套的价要重新套，这样不快反而慢。

有效的方法是：

（1）将软件计算的结果打印出来，发现错误重新计算后在打印稿上直接修改。

（2）将软件计算结果导入到 Excel 文档里，发现错误后在 Excel 里修改。

多次经验证明，这种看似慢的方法往往更快。

下面是此工程套定额的一览表（见表 3-8）。

表 3-8　定额模式子目套价汇总表

算量部分					套价部分				
序号	编码	项目名称	单位	工程量	详细做法	定额号	定额名称	单位	工程量
1	B:板 100	<侧面模板面积>	m^2	0				m^2	
2	B:板 100	<模板面积>	m^2	109.162		1:7-45	现浇混凝土模板 平板　普通模板	m^2	109.162
3	B:板 100	C25<体积>	m^3	10.961		1:5-28	现浇混凝土构件 板　C25	m^3	10.961
4	B:窗	塑钢窗<洞口面积>	m^2	28.08	制作（含安装、五金）	2:6-46	塑钢门窗　推拉窗 双玻	m^2	28.08
					运输		塑钢窗运输		28.08
5	B:窗	塑钢窗<数量>	樘	10					
6	B:房	地 25A<块料地面积>	m^2	16.326	1. 9.5 厚硬实木复合地板	2:1-88	木地板　硬实木复合地板　单层	m^2	16.326
					2. 35 厚 C15 细石混凝土随打随抹平	2:1-23	找平层　预拌细石混凝土　厚度 30mm	m^2	16.326
						2:1-24	找平层　预拌细石混凝土　每增减 5mm	m^2	16.326
					3. 1.5 厚聚氨酯涂膜防潮层	1:13-69	厨房、卫生间楼地面防水　聚氨脂防水　厚度 2mm	m^2	16.326
						1:13-70	厨房、卫生间楼地面防水　聚氨脂防水　厚度 2mm　每增减 0.5mm	m^2	16.326
					4. 50 厚 C15 细石混凝土随打随抹平	2:1-23	找平层　预拌细石混凝土　厚度 30mm	m^2	16.326
						2:1-24	找平层　预拌细石混凝土　每增减 5mm	m^2	16.326

续表

算量部分					套价部分				
序号	编码	项目名称	单位	工程量	详细做法	定额号	定额名称	单位	工程量
7	B:房	地 25A <地面积>(计算房心垫层用)填土厚度 = 0.45 - 0.15 - 0.05 - 0.0015 - 0.035 - 0.0095 = 0.204	m²	15.592	5.150厚3:7灰土	2:1-1	垫层　灰土3:7	m²	15.592 ×0.15
					6. 素土夯实,压实系数0.90	1:1-14	人工土石方　房心回填	m²	15.592 ×0.204
8	B:房	裙10A1 <墙裙块料面积>	m²	14.196	1. 油漆饰面	2:11-242	木材面油漆　木地板　润油粉二遍,油色,漆片,擦软蜡	m²	14.196
					2.3厚胶合板,建筑胶粘剂粘贴	2:2-166	内墙装修　内护墙面层　饰面面层　胶合板3mm	m²	14.196
					3.5厚胶合板衬板背面满涂建筑胶粘剂,用胀管螺栓与墙体固定	2:2-164	内墙装修　内护墙衬板　胶合板抹灰面上粘贴	m²	14.196
					4. 刷高聚物改性沥青涂膜防潮层(2.5厚)	1:13-11	地下室基础防水　氯丁胶乳化沥青防水涂料　立面　厚度2mm	m²	14.196
						1:13-12	地下室基础防水　氯丁胶乳化沥青防水涂料　立面　厚度2mm　每增减0.5mm	m²	14.196
					5. 墙缝原浆抹平(用于砖墙)	2:3-77	内墙装修　抹灰简易抹灰	m²	14.196
9	B:房	踢2A <踢脚抹灰长度>	m	47.52	1.8厚1:2.5水泥砂浆罩面压实赶光	2:1-164	踢脚　水泥	m	47.52
					2. 素水泥浆一道				
					3.10厚1:3水泥砂浆打底扫毛或划出纹道				

续表

算量部分					套价部分				
序号	编码	项目名称	单位	工程量	详细做法	定额号	定额名称	单位	工程量
10	B:房	棚 2B < 天棚抹灰面积 >	m^2	94.02	1. 喷(刷、辊)面浆饰面(水性耐擦洗涂料)	2:2-109	天棚面层装饰　涂料　耐擦洗涂料	m^2	94.02
					2. 满刮 2 厚面层耐水腻子找平	2:2-104	天棚面层装饰　耐水腻子　现浇板	m^2	94.02
					3. 板底满刮 3 厚底基防裂腻子分遍找平				
					4. 素水泥浆一道甩毛(内掺建筑胶)				
11	B:房	内墙 5A < 墙面抹灰面积 >	m^2	364.814	1. 喷(刷、辊)面浆饰面(水性耐擦洗涂料)	2:3-104	内墙装修　涂料及裱糊面层　耐擦洗涂料	m^2	364.814
					2.5 厚 1:2.5 水泥砂浆找平	2:3-82	内墙装修　抹灰　水泥砂浆　混凝土、砌块	m^2	364.814
					3.9 厚 1:3 水泥砂浆打底扫毛或划出纹道				
12	B:房	棚 26 < 吊顶面积 >	m^2	15.592	1. 饰面(饰 1:水性耐擦洗涂料)	2:2-109	天棚面层装饰　涂料　耐擦洗涂料	m^2	15.592
					2. 满刮 2 厚面层耐水腻子找平	2:2-107	天棚面层装饰　耐水腻子　纸面石膏板	m^2	15.592
					3. 满刮氯偏乳液(或乳化光油)防潮涂料两道,横纵向各刷一道,(防水石膏板无次道工序)				
					4.9.5 厚纸面石膏板,用自攻螺丝与龙骨固定,中距≤200	2:2-69	天棚面层　纸面石膏板　安装在 U 型龙骨	m^2	15.592
					5. U 型轻钢龙骨横撑 CB50×20(或 CB60×27)中距 1200	2:2-7	U 型轻钢龙骨　单层龙骨　面板规格($0.5m^2$ 以外)吸顶式	m^2	15.592
					6. U 型轻钢次龙骨 CB50×20(或 CB60×27)中距 429,龙骨吸顶吊件用膨胀栓与钢筋混凝土板固定				

续表

算量部分					套价部分				
序号	编码	项目名称	单位	工程量	详细做法	定额号	定额名称	单位	工程量
13	B:房	踢 10A <踢脚块料长度>	m	47.61	1.10 厚大理石板,正、背面及四周边满涂防污剂,稀水泥浆(或彩色水泥浆)擦缝	2:1-173	踢脚 大理石	m	47.61
					2.12 厚 1:2 水泥砂浆(内掺建筑胶)粘结层				
					3.5 厚 1:3 水泥砂浆打底扫毛或划出纹道				
14	B:房	地 3A <地面积> 填土厚度(0.45-0.15-0.05 - 0.02)=0.23	m²	7.924	1.20 厚 1:2.5 水泥砂浆抹面压实赶光	2:1-25	整体面层 1:2.5 水泥砂浆 厚度 20mm 有素浆	m²	7.924
					2. 素水泥浆一道(内掺建筑胶)				
					3.50 厚 C10 混凝土	2:1-9	垫层 预拌混凝土		7.924×0.05
					4.150 厚 3:7 灰土	2:1-1	垫层 灰土 3:7		7.924×0.15
					5. 素土夯实,压实系数 0.90	1:1-14	人工土石方 房心回填		7.924×0.23
15	B:房	楼 8D <块料地面积>	m²	16.049	1.10 厚铺地砖,稀水泥浆(或彩色水泥浆)擦缝	2:1-51	块料面层 地砖 建筑砂浆粘贴 每块面积(0.09m² 以内)	m²	16.049
					2.6 厚建筑胶水泥砂浆粘结层				
					3. 素水泥浆一道(内掺建筑胶)				
					4.35 厚 C15 细石混凝土找平层	2:1-23	找平层 预拌细石混凝土 厚度 30mm	m²	16.049
					5. 素水泥浆一道(内掺建筑胶)	2:1-24	找平层 预拌细石混凝土 每增减 5mm	m²	16.049
					6. 钢筋混凝土楼板				

续表

算量部分					套价部分				
序号	编码	项目名称	单位	工程量	详细做法	定额号	定额名称	单位	工程量
16	B:房	地9<块料地面积>	m^2	35.294	1.10厚铺地砖，稀水泥浆（或彩色水泥浆）擦缝	2:1-51	块料面层　地砖　建筑砂浆粘贴　每块面积（0.09m^2 以内）	m^2	35.294
					2.6厚建筑胶水泥砂浆粘结层				
					3.20厚1:3水泥砂浆找平	2:1-14	找平层　1:3水泥砂浆　厚度20mm　硬基层上	m^2	35.294
					4. 素水泥结合层一道				
					5.50厚　C10混凝土	2:1-9	垫层　预拌　混凝土	m^3	35.294 ×0.05
17	B:房	地9<地面积>（计算房心垫层用）填土厚度=(0.45-0.15-0.05-0.02-0.006-0.01)	m^2	35.252	6.150厚3:7灰土	2:1-1	垫层　灰土3:7	m^2	35.252 ×0.15
					7. 素土夯实，压实系数0.90	1:1-14	人工土石方　房心回填	m^2	35.252 ×0.214
18	B:房	楼2D<地面积>	m^2	35.252	1.20厚1:2.5水泥砂浆抹面压实赶光	2:1-25	整体面层　1:2.5水泥砂浆　厚度20mm　有素浆	m^2	35.252
					2. 素水泥浆一道（内掺建筑胶）				
					3. 钢筋混凝土叠合层（或现浇钢筋混凝土楼板）				
19	B:过梁	<模板面积>	m^2	21.06		1:7-64	现浇混凝土模板　小型构件	m^2	21.06
20	B:过梁	C25<体积>	m^3	2.129		1:5-27	现浇混凝土构件　过梁、圈梁　C25	m^3	2.219
21	B:建筑面积	<建筑面积>[第2层]	m^2	78.136					
22	B:建筑面积	<建筑面积>[首层]	m^2	75.4					
23	B:脚手架	<综合脚手架面积>	m^2	153.536		1:15-6	脚手架　框架结构　檐高(m)　25以下	m^2	153.536

续表

算量部分					套价部分				
序号	编码	项目名称	单位	工程量	详细做法	定额号	定额名称	单位	工程量
24	B:框梁	<模板面积>	m^2	117.798		1:7-28	现浇混凝土模板 矩形梁 普通模板	m^2	117.798
25	B:框梁	C25<体积>	m^3	16.452		1:5-24	现浇混凝土构件 梁 C30	m^3	16.452
26	B:楼梯	铁栏杆带木扶手长度	m	4.235		2:7-7	楼梯栏杆(板) 不锈钢栏杆 栏杆直形	m	4.235 ×0.9
27	B:楼梯	C25<投影面积>	m^2	7.924	楼梯混凝土	1:5-40	现浇混凝土构件 楼梯 直形 C25	m^2	7.924
					楼梯模板	1:7-54	现浇混凝土模板 楼梯 直形	m^2	7.924
					楼梯抹灰	2:1-147	楼梯 水泥面	m^2	7.924
					楼梯底面刮腻子	2:2-104	天棚面层装饰 耐水腻子 现浇板	m^2	7.924 ×1.15
					楼梯底面刷涂料	2:2-109	天棚面层装饰 涂料 耐擦洗涂料	m^2	7.924 ×1.15
28	B:满基垫层	C15<体积>	m^3	8.856		1:6-2	现浇混凝土构件 基础垫层 C15	m^3	8.856
29	B:满基垫层	<模板面积>	m^2	3.9		1:7-1	现浇混凝土模板 基础垫层	m^2	3.9
30	B:满基垫层	<底面积>	m^2	88.56		1:1-16	人工土石方 地坪原土打夯	m^2	88.56
31	B:满基梁	C30<体积>	m^3	4.628		1:5-4	现浇混凝土构件 满堂基础 C25	m^3	4.628
32	B:满基梁	<模板面积>	m^2	19.72		1:7-27	现浇混凝土模板 基础梁	m^2	19.72
33	B:满堂基础	C30<体积>	m^3	25.126		1:5-4	现浇混凝土构件 满堂基础 C25	m^3	25.126
34	B:满堂基础	<模板面积>	m^2	7.64		1:7-7	现浇混凝土模板 满堂基础	m^2	7.64
35	B:门	镶板门<洞口面积>	m^2	6.48	制作(含安装、五金、运输)	2:6-3	木门窗 镶板门	m^2	6.48
					油漆	2:11-1	木材面油漆 底油一遍,调合漆二遍 单层木门,窗	m^2	6.48

续表

算量部分					套价部分				
序号	编码	项目名称	单位	工程量	详细做法	定额号	定额名称	单位	工程量
38	B:门	镶板门<数量>	樘	1					
37	B:门	胶合板门<洞口面积>	m^2	12.42	制作(含安装、五金、运输)	2:6-2	木门窗　胶合板门	m^2	12.42
					油漆	2:11-1	木材面油漆　底油一遍,调合漆二遍　单层木门,窗	m^2	12.42
36	B:门	胶合板门<数量>	樘	6				樘	
39	B:门联窗1	塑钢<洞口面积>	m^2	5.13	制作(含安装)	2:6-39	塑钢门窗　平开门　双玻	m^2	5.13
					运输		塑钢门联窗运输	m^2	5.13
40	B:门联窗1	塑钢<数量>	个	1					
41	B:门联窗1	塑钢<窗洞口面积>	m^2	2.7					
42	B:门联窗1	塑钢<门洞口面积>	m^2	2.43					
43	B:女儿墙内装修	1:2水浆540高墙<墙裙抹灰面积>	m^2	18.511		2:3-4	外墙装修　一般抹灰、装饰抹灰　水泥砂浆　混凝土、砌块墙	m^2	18.511
44	B:平整场地	面积×1.4	m^2	105.56		1:1-55	场地　平整	m^2	105.56
45	B:墙24	50号混浆<体积>	m	22.305		1:4-3换	砌砖　砖内墙	m	22.305
46	B:墙37	50号混浆<体积>	m^3	50.874		1:4-2换	砌砖　砖外墙	m^3	50.874
47	B:墙24(基础)	50号水浆<体积>	m^3	3.432		1:4-1	砌砖　砖基础	m^3	3.432
48	B:墙37(基础)	50号水浆<体积>	m^3	11.148		1:4-1	砌砖　砖基础	m^3	11.148
49	B:散水	C10混凝土垫层体积<面积>×0.08	m^3	1.518		1:6-1	现浇混凝土构件　基础垫层　C10	m^3	1.518
50	B:散水	伸缩缝<长度>	m	4.761		2:9-11	变形缝　灌沥青砂浆	m	4.761

续表

算量部分					套价部分				
序号	编码	项目名称	单位	工程量	详细做法	定额号	定额名称	单位	工程量
51	B:散水	贴墙伸缩缝 <贴墙长度>	m	36.2		2:9-11	变形缝 灌沥青砂浆	m	36.2
52	B:散水	<面积>	m^2	18.975		2:1-213	散水 水泥砂浆	m^2	18.975
53	B:散水	垫层模板(外围长度 - 3.9/2)×0.08	m^2	2.936		1:7-1	现浇混凝土模板 基础垫层	m^2	2.936
54	B:水落管	水斗个数	个	4		1:12-65	屋面排水 雨水斗 ϕ110 玻璃钢	个	4
55	B:水落管	水口个数	个	4		1:12-62	屋面排水 ϕ100 铸铁承接水口	个	4
56	B:水落管	弯头个数	个	4		1:12-60	屋面排水 铸铁弯头出水口	个	4
57	B:水落管	长度(7.1 + 0.45)×4	m	30.2		1:12-56	屋面排水 水落管 ϕ110 玻璃钢	m	30.2
58	B:台阶	<面积>	m^2	6.24	台阶地面		整体面层 1:2.5 水泥砂浆 厚度 20mm 有素浆	m^2	1.6 ×2.7
					台阶面层	2:1-191	台阶 水泥	m^2	6.24 -1.6 ×2.7
					台阶混凝土层	1:6-52	现浇混凝土构件 台阶 C15	m^2	6.24 ×1.15 ×0.1
					台阶模板	1:7-66	现浇混凝土模板 台阶	m^2	6.24
					台阶素土垫层	1:1-14	人工土石方 房心回填	m^2	6.24 ×0.85 ×0.35
59	B:挑檐	挑檐 C25 <板体积>	m^3	2.59	挑檐平板混凝土	1:6-46	现浇混凝土构件 雨罩 C25	m^3	2.59
					挑檐平板底模	1:7-57	现浇混凝土模板 挑檐、天沟	m^2	25.898
61	B:挑檐	棚 2B <板面积>	m^2	25.898	挑檐板底涂料	2:2-109	天棚面层装饰 涂料 耐擦洗涂料	m^2	25.898
					挑檐板底刮腻子	2:2-104	天棚面层装饰 耐水腻子 现浇板	m^2	25.898

续表

算量部分					套价部分				
序号	编码	项目名称	单位	工程量	详细做法	定额号	定额名称	单位	工程量
60	B:挑檐	挑檐底板侧面积 <栏板外边线长度> ×0.1	m^2	4.232	挑檐底板侧模板	1:7-57	现浇混凝土模板 挑檐、天沟	m^2	4.232
					挑檐栏板外水浆	2:3-204	零星项目 抹灰 水泥砂浆	m^2	4.232
					挑檐栏板外涂料	2:3-29	外墙装修 涂料 涂料面层 仿石	m^2	4.232
62	B:挑檐	挑檐栏板外装修 <栏板外边线长度> ×0.2	m^2	8.464	挑檐栏板外水浆	2:3-204	零星项目 抹灰 水泥砂浆	m^2	8.464
					挑檐栏板外涂料	2:3-29	外墙装修 涂料 涂料面层 仿石	m^2	8.464
63	B:挑檐	挑檐栏板内装修 <栏板墙面面积>	m^2	8.32	挑檐栏板内抹水浆	2:3-204	零星项目 抹灰 水泥砂浆	m^2	8.32
64	B:挑檐栏板	<模板面积>	m^2	16.784		1:7-60	现浇混凝土模板 栏板	m^2	16.784
65	B:挑檐栏板	C25 <体积>	m^3	0.504		1:6-51	现浇混凝土构件 栏板 C25	m^3	0.504
66	B:挑檐栏板	顶面积 <中心线长度> ×0.06	m^2	2.518	挑檐栏板顶抹水浆	2:3-204	零星项目 抹灰 水泥砂浆	m^2	2.518
					挑檐栏板顶抹刷涂料	2:3-29	外墙装修 涂料 涂料面层 仿石		2.518
68	B:土方开挖	<土方体积>	m^3	115.713		1:1-2	人工土石方 人工挖土 土方	m^3	115.713
67	B:土方开挖	<底面积>	m^2	100.62				m^2	
69	B:土方填运	<运余土体积>	m^3	47.796		1:1-21	机械土石方 机挖土石方 车运1km	m^3	47.796
70	B:土方填运	<回填土体积>	m^3	67.917		1:1-7	人工土石方 回填土 夯填	m^3	67.917
71	B:外装	外墙27A1	m^2	240.717	1. 1:1水泥(或水泥掺色)砂浆(细纱)勾缝 2. 贴6-10厚彩釉面砖 3. 6厚1:0.2:2.5水泥石灰膏砂浆(掺建筑胶) 4. 12厚1:3水泥砂浆打底扫毛或划出纹道	2:3-40	外墙装修 块料 釉面砖(砂浆粘贴) 每块面积0.015m^2以内 勾缝	m^2	240.717

续表

算量部分					套价部分				
序号	编码	项目名称	单位	工程量	详细做法	定额号	定额名称	单位	工程量
72	B:外装	外墙 27A1 <外墙裙块料面积>	m^2	30.182	1.1:1 水泥(或水泥掺色)砂浆(细纱)勾缝	2:3-40	外墙装修 块料 釉面砖(砂浆粘贴) 每块面积 0.015m^2 以内 勾缝	m^2	30.182
					2. 贴 6-10 厚彩釉面砖				
					3.6 厚 1:0.2:2.5 水泥石灰膏砂浆(掺建筑胶)				
					4.12 厚 1:3 水泥砂浆打底扫毛或划出纹道				
73	B:屋面(板顶)	平面 <面积>	m^2	66.942	防水层	1:13-100	屋面防水 SBS 改性沥青防水卷材 厚度 5mm	m^2	66.942
					填充料上找平	1:12-22	找坡层 水泥砂浆坡屋面找平层 厚度 20mm 软基层	m^2	66.942
					保温层	1:12-4	屋面保温 膨胀珍珠岩块	m^2	66.942 ×0.1
					找坡层	1:12-17	找坡层 水泥焦渣	m^2	66.942 ×0.05
					硬基层上找平	1:12-21	找坡层 水泥砂浆坡屋面找平层 厚度 20mm 硬基层	m^2	66.942
74	B:屋面(板顶)	立面 <卷边面积>	m^2	8.57	防水层上翻	1:13-100	屋面防水 SBS 改性沥青防水卷材 厚度 5mm	m^2	8.57
75	B:屋面(挑檐)	平面 <面积>	m^2	23.38	防水层	1:13-100	屋面防水 SBS 改性沥青防水卷材 厚度 5mm	m^2	23.38
					填充料上找平	1:12-22	找坡层 水泥砂浆坡屋面找平层 厚度 20mm 软基层上	m^2	23.38
					找坡层	1:12-17	找坡层 水泥焦渣	m^2	23.38 ×0.05

续表

算量部分					套价部分				
序号	编码	项目名称	单位	工程量	详细做法	定额号	定额名称	单位	工程量
76	B:屋面(挑檐)	立面<卷边面积>	m^2	17.37	防水层上翻	1:13-100	屋面防水 SBS改性沥青防水卷材 厚度5mm	m^2	17.37
77	B:压顶	模板<轴线长度>×2×0.09	m^2	6.343	压顶模板	1:7-28	现浇混凝土模板 矩形梁 普通模板	m^2	6.343
78	B:压顶	周边抹灰<轴线长度>×0.48	m^2	16.915	压顶抹灰	2:3-204	零星项目 抹灰 水泥砂浆	m^2	16.915
79	B:压顶	C25<体积>	m^3	0.607	压顶体积	1:6-27	现浇混凝土构件 过梁、圈梁 C25	m^3	0.607
80	B:阳台	棚2B<板面积>	m^2	5.472	阳台板底涂料	2:2-109	天棚面层装饰 涂料 耐擦洗涂料	m^2	5.472
					阳台板底刮腻子	2:2-104	天棚面层装饰 耐水腻子 现浇板	m^2	5.472
					阳台板底模板	1:7-56	现浇混凝土模板 阳台、雨罩	m^2	5.472
86	B:阳台	阳台板侧面积<栏板外边线长度>×0.1	m^2	0.696	阳台底板侧模板	1:7-56	现浇混凝土模板 阳台、雨罩	m^2	0.696
					阳台底板外侧抹灰	2:3-204	零星项目 抹灰 水泥砂浆	m^2	0.696
					阳台栏板外刷涂料	2:3-29	外墙装修 涂料 涂料面层 仿石	m^2	6.264
81	B:阳台	阳台出水口个数	套	2	套换成m	1:12-58	屋面排水 阳台排水口	m	2×0.25
82	B:阳台	楼8D<地面积>	m^2	5.062	1. 10厚铺地砖,稀水泥浆(或彩色水泥浆)擦缝 2. 6厚建筑胶水泥砂浆粘结层 3. 素水泥浆一道(内掺建筑胶)	2:1-51	块料面层 地砖 建筑砂浆粘贴 每块面积(0.09m^2以内)	m^2	5.062
					4. 35厚C15细石混凝土找平层 5. 素水泥浆一道(内掺建筑胶)	2:1-23	找平层 预拌细石混凝土 厚度30mm	m^2	5.062
						2:1-24	找平层 预拌细石混凝土 每增减5mm	m^2	5.062
					6. 钢筋混凝土楼板				

续表

算量部分					套价部分				
序号	编码	项目名称	单位	工程量	详细做法	定额号	定额名称	单位	工程量
83	B:阳台	阳台栏板内装修<栏板墙面面积>	m^2	6.048	阳台栏板内抹水浆	2:3-204	零星项目 抹灰 水泥砂浆	m^2	6.048
					阳台栏板内刷涂料	2:3-109	内墙装修 涂料及裱糊面层 仿瓷涂料	m^2	6.048
84	B:阳台	阳台栏板外装修<栏板外边线长度>×0.9	m^2	6.264	阳台栏板外抹水浆	2:3-204	零星项目 抹灰 水泥砂浆	m^2	6.264
					阳台栏板外刷涂料	2:3-29	外墙装修 涂料 涂料面层 仿石	m^2	6.264
85	B:阳台	阳台C25<板体积>	m^3	0.547	阳台板混凝土	1:5-44	现浇混凝土构件 阳台 C25	m^3	0.547
87	B:阳台栏板	顶面积<中心线长度>×0.06	m^2	0.41	阳台栏板顶抹水浆	2:3-204	零星项目 抹灰 水泥砂浆	m^2	0.41
					阳台栏板顶刷涂料	2:3-29	外墙装修 涂料 涂料面层 仿石	m^2	0.41
88	B:阳台栏板	<模板面积>	m^2	12.312	阳台栏板模板	1:7-60	现浇混凝土模板 栏板	m^2	12.312
89	B:阳台栏板	C25<体积>	m^3	0.369	阳台栏板体积	1:6-51	现浇混凝土构件 栏板 C25	m^3	0.369
90	B:柱	C30<体积>	m^3	2.12	基础框架柱混凝土	1:6-17	现浇混凝土构件 柱 C30	m^3	2.12
91	B:柱	<模板面积>	m^2	150.88	框架柱模板	1:7-11	现浇混凝土模板 矩形柱 普通模板	m^2	150.88
92	B:柱	C25<体积>	m^3	15.264	框架柱体积	1:6-17 换	现浇混凝土构件 柱 C30	m^3	15.264
93	B:柱24×24(构造)	<模板面积>	m^2	3.456	构造柱模板	1:7-17	现浇混凝土模板 构造柱	m^2	3.456
94	B:柱24×24(构造)	C25<体积>	m^3	0.346	构造柱体积	1:6-21	现浇混凝土构件 构造柱 C25	m^3	0.346

思考与练习

1. 怎样才能做到套价工作量最小?
2. 软件在什么条件下相同子目可以合并?
3. 我们在算量软件里是否需要将图集做法所有的量套到做法里?

3.4 怎样将定额模式画的图导入清单模式

3.4.1 将定额模式变成清单模式

操作步骤：打开定额模式已经画好的工程，左键点“工程”下拉菜单，左键点导出GCL工程，出现“导出工程”对画框，点“清单模式”，选择“招标”（无论是招标单位还是投标单位这里都要选招标），选择某地区的清单规则、定额规则、清单库和定额库，点“下一步”，“工程信息”略去不填写，点“下一步”“编制信息”略去不写，点“下一步”“辅助信息”维持原工程，点“下一步”，检查没有问题点“完成“。选择工程要存的硬盘，更改文件名为自己需要的名称，点”保存”，文件就保存到你选择的硬盘里。

3.4.2 套清单子目和定额子目（或补充定额子目）

操作步骤：打开已经转换好的清单工程，左键点“绘图输入”，点“构件”下拉菜单，点“构件管理”，你会发现在定额模式下定义的构件“属性编辑”的信息全在，画的图全在，只是“构件做法”空了，我们需要重新填写所有“构件做法”里的清单编码和定额编码等内容。

例：墙37的“构件做法”如下。

	编码	名称	项目名称	单位	工程量表达式	表达式说明/工程量	措施项目
1	010302001	实心砖墙	实心砖墙	m^3	TJ	<体积>	☐
2	└─B:墙37	补充子目	50号混浆体积	m^3	TJ	<体积>	☐

例：框梁370×500的“构件做法”如下。

	编码	名称	项目名称	单位	工程量表达式	表达式说明/工程量	措施项目
1	010403002	矩形梁	矩形梁	m^3	TJ	<体积>	☐
2	└─B:框梁	补充子目	C25体积	m^3	TJ	<体积>	☐
3	⊟1.8	混凝土	混凝土、钢筋混凝土	项	1	1	☑
4	└─B:框梁	补充子目	模板面积	m^2	MBMJ	<模板面积>	☑

3.4.3 清单工程量汇总表

将所有清单和定额子目全套完后，不用画图，再汇总一层，就得到招标人清单汇总表、招标人（标底）清单做法汇总表、招标人（标底）清单做法汇总表（措施项目）。

3.4.3.1 招标人清单汇总表（见表3-9）

表 3-9　招标人清单汇总表

序号	编码	项目名称	单位	工程量
1	实木地板	块料地面积	m^2	15.592
2	010101001001	平整场地	m^2	75.4
3	010101003001	挖基础土方	m^3	101.844
4	010103001001	土(石)方回填	m^3	54.048
5	010301001001	砖基础	m^3	14.58
6	010302001001	实心砖墙	m^3	73.179
7	010401003001	满堂基础	m^3	38.61
8	010402001001	矩形柱 C30	m^3	2.12
9	010402001002	矩形柱	m^3	15.264
10	010402001003	矩形柱(构造)	m^3	0.346
11	010403002001	矩形梁	m^3	16.452
12	010403004001	圈梁	m^3	0.607
13	010403005001	过梁	m^3	2.129
14	010405003001	平板	m^3	10.916
15	010405006001	栏板(阳台)	m^3	0.369
16	010405006002	栏板(挑檐)	m^3	0.504
17	010405008001	雨篷、阳台板(阳台)	m^3	0.547
18	010405008002	雨篷、阳台板(挑檐)	m^3	2.59
19	010406001001	直形楼梯	m^2	7.924
20	010407002001	散水、坡道	m^2	18.975
21	010702001001	屋面卷材防水(板顶)	m^2	75.512
22	010702001002	屋面卷材防水(挑檐)	m^2	40.75
23	010702004001	屋面排水管(阳台)	m	0.5
24	010702004002	屋面排水管	m	30.2
25	010803001001	保温隔热屋面(板顶)	m^2	66.942
26	010803001002	保温隔热屋面(挑檐)	m^2	23.38
27	020101001001	水泥砂浆楼地面(楼 2D)	m^2	35.252
28	020101001002	水泥砂浆楼地面(地 3A)	m^2	7.924

续表

序号	编码	项目名称	单位	工程量
29	020102002001	块料楼地面(楼8D)	m^2	15.592
30	020102002002	块料楼地面(地9)	m^2	35.252
31	020102002003	块料楼地面	m^2	5.062
32	020105001001	水泥砂浆踢脚线	m^2	5.504
33	020105003001	块料踢脚线	m^2	5.714
34	020106003001	水泥砂浆楼梯面	m^2	7.924
35	020107001001	金属扶手带 栏杆、栏板	m	7.259
36	020201001001	墙面一般抹灰	m^2	18.511
37	020201002001	墙面装饰抹灰	m^2	361.646
38	020203001001	零星项目一般抹灰(挑檐)	m^2	21.016
39	020203001002	零星项目一般抹灰(阳台)	m^2	13.008
40	020203001003	零星项目一般抹灰(挑檐栏板)	m^2	2.518
41	020203001004	零星项目一般抹灰(阳台栏板)	m^2	0.41
42	020204003001	块料墙面	m^2	270.899
43	020207001001	装饰板墙面	m^2	14.196
44	020208001001	柱(梁)面装饰	m^2	16.915
45	020301001001	天棚抹灰	m^2	134.502
46	020302001001	天棚吊顶	m^2	15.592
47	020401001001	镶板木门-2400×2700	樘	1
48	020401004001	胶合板门-900×2100	樘	2
49	020401004002	胶合板门-900×2400	樘	4
50	020402005001	塑钢门-MLC	樘	1
51	020406007001	塑钢窗-1800×1800	樘	2
52	020406007002	塑钢窗-MLC	樘	1
53	020406007003	塑钢窗-1500×1800	樘	8
54	020501001001	门油漆	樘	7
55	京010101007001	土(石)方铲运	m^3	47.796
56	京020108006001	混凝土台阶面	m^2	6.24

3.4.3.2 招标人(标底)清单做法汇总表(实体项目)(见表3-10)

表3-10 招标人(标底)清单做法汇总表(实体项目)

序号	编码	项目名称	单位	工程量
1	实木地板	块料地面积	m^2	15.592
1.1	B:房	地25A(块料地面积)	m^2	16.326
1.2	B:房	地25A地面积(计算房心垫层用)	m^2	15.592
2	010101001001	平整场地	m^2	75.4
2.1	B:平整场地	面积×1.4	m^2	105.56
3	010101003001	挖基础土方	m^3	101.844
3.1	B:土方开挖	底面积	m^2	100.62
3.2	B:土方开挖	土方体积	m^3	115.713
4	010103001001	土(石)方回填	m^3	54.048
4.1	B:土方填运	基础回填土体积	m^3	67.917
5	010301001001	砖基础	m^3	14.58
5.1	B:墙24(基础)	50号水浆体积	m^3	3.432
5.2	B:墙37(基础)	50号水浆体积	m^3	11.148
6	010302001001	实心砖墙	m^3	73.179
6.1	B:墙24	50号混浆体积	m^3	22.305
6.2	B:墙37	50号混浆体积	m^3	50.874
7	010401003001	满堂基础	m^3	38.61
7.1	B:满基垫层	C15体积	m^3	8.856
7.2	B:满基垫层	垫层底面积	m^2	88.56
7.3	B:满基梁	C30体积	m^3	4.628
7.4	B:满堂基础	C30体积	m^3	25.126
8	010402001001	矩形柱C30	m^3	2.12
8.1	B:框架柱(基)	C30体积	m^3	2.12
9	010402001002	矩形柱	m^3	15.264
9.1	B:框架柱	C25体积	m^3	15.264
10	010402001003	矩形柱(构造)	m^3	0.346
10.1	B:构造柱	C25体积	m^3	0.346

续表

序号	编码	项目名称	单位	工程量
11	010403002001	矩形梁	m^3	16. 452
11. 1	B:框梁	C25 体积	m^3	16. 452
12	010403004001	圈梁	m^3	0. 607
12. 1	B:压顶	C25 体积	m^3	0. 607
13	010403005001	过梁	m^3	2. 129
13. 1	B:过梁	C25 体积	m^3	2. 129
14	010405003001	平板	m^3	10. 916
14. 1	B:板 100	C25 体积	m^3	10. 961
15	010405006001	栏板(阳台)	m^3	0. 369
15. 1	B:阳台栏板	C25 体积	m^3	0. 369
16	010405006002	栏板(挑檐)	m^3	0. 504
16. 1	B:挑檐栏板	C25 体积	m^3	0. 504
17	010405008001	雨篷、阳台板(阳台)	m^3	0. 547
17. 1	B:阳台	C25(板体积)	m^3	0. 547
18	010405008002	雨篷、阳台板(挑檐)	m^3	2. 59
18. 1	B:挑檐	C25(板体积)	m^3	2. 59
19	010406001001	直形楼梯	m^2	7. 924
19. 1	B:楼梯	混凝土投影面积	m^2	7. 924
20	010407002001	散水、坡道	m^2	18. 975
20. 1	B:散水	散水面层一次抹光面积	m^2	18. 975
20. 2	B:散水	散水贴墙伸缩缝长度	m	36. 2
20. 3	B:散水	散水垫层体积	m^3	1. 518
20. 4	B:散水伸缩缝	长度	m	4. 761
21	010702001001	屋面卷材防水(板顶)	m^2	75. 512
21. 1	B:屋面(板顶)	立面(卷边面积)	m^2	8. 57
21. 2	B:屋面(板顶)	平面(面积)	m^2	66. 942
22	010702001002	屋面卷材防水(挑檐)	m^2	40. 75
22. 1	B:屋面(挑檐)	立面(卷边面积)	m^2	17. 37

续表

序号	编码	项目名称	单位	工程量
22.2	B:屋面(挑檐)	平面(面积)	m^2	23.38
23	010702004001	屋面排水管(阳台)	m	0.5
23.1	B:阳台	阳台出水口	套	2
24	010702004002	屋面排水管	m	30.2
24.1	B:水落管	水斗	个	4
24.2	B:水落管	出水口	个	4
24.3	B:水落管	长度	m	30.2
24.4	B:水落管	弯头	个	4
25	010803001001	保温隔热屋面(板顶)	m^2	66.942
25.1	B:屋面(板顶)	保温层体积	m^3	6.694
26	010803001002	保温隔热屋面(挑檐)	m^2	23.38
26.1	B:屋面(挑檐)	找坡体积	m^3	1.169
27	020101001001	水泥砂浆楼地面(楼2D)	m^2	35.252
27.1	B:房	楼2D(地面积)	m^2	35.252
28	020101001002	水泥砂浆楼地面(地3A)	m^2	7.924
28.1	B:房	地3A (地面积)	m^2	7.924
29	020102002001	块料楼地面(楼8D)	m^2	15.592
29.1	B:房	楼8D(块料地面积)	m^2	16.049
30	020102002002	块料楼地面(地9)	m^2	35.252
30.1	B:房	地9(块料地面积)	m^2	35.294
30.2	B:房	地9地面积(计算房心垫层用)	m^2	35.252
31	020102002003	块料楼地面	m^2	5.062
31.1	B:阳台	楼8D(地面积)	m^2	5.062
32	020105001001	水泥砂浆踢脚线	m^2	5.504
32.1	B:房	踢2A(踢脚抹灰长度)	m	47.52
33	020105003001	块料踢脚线	m^2	5.714
33.1	B:房	踢10A(踢脚块料长度)	m	47.61
34	020106003001	水泥砂浆楼梯面	m^2	7.924
34.1	B:楼梯	装修面积	m^2	7.924
35	020107001001	金属扶手带 栏杆、栏板	m	7.259

续表

序号	编码	项目名称	单位	工程量
35.1	B:楼梯	不锈钢栏杆长度	m	7.259
36	020201001001	墙面一般抹灰	m^2	18.511
36.1	B:女儿墙内装修	外墙5A(墙裙抹灰面积)	m^2	18.511
37	020201002001	墙面装饰抹灰	m^2	361.646
37.1	B:房	内墙5A(墙面抹灰面积)	m^2	364.814
38	020203001001	零星项目一般抹灰(挑檐)	m^2	21.016
38.1	B:挑檐	挑檐板侧面积(栏板外边线长度×0.1)	m^2	4.232
38.2	B:挑檐	栏板外装修面积	m^2	8.464
38.3	B:挑檐	栏板内装修面积	m^2	8.32
39	020203001002	零星项目一般抹灰(阳台)	m^2	13.008
39.1	B:阳台	阳台板侧面积(栏板外边线长度×0.1)	m^2	0.696
39.2	B:阳台	栏板外装修面积	m^2	6.264
39.3	B:阳台	栏板内装修面积	m^2	6.048
40	020203001003	零星项目一般抹灰(挑檐栏板)	m^2	2.518
40.1	B:挑檐栏板	顶面积	m^2	2.518
41	020203001004	零星项目一般抹灰(阳台栏板)	m^2	0.41
41.1	B:阳台栏板	顶面积	m^2	0.41
42	020204003001	块料墙面	m^2	270.899
42.1	B:外装	外墙27A1(外墙面块料面积)	m^2	138.635
42.2	B:外装	外墙27A1(外墙裙块料面积)	m^2	30.182
42.3	B:外装	外墙27A1(外墙面块料面积)	m	102.083
43	020207001001	装饰板墙面	m^2	14.196
43.1	B:房	裙10A1(墙裙块料面积)	m^2	14.196
44	020208001001	柱(梁)面装饰	m^2	16.915
44.1	B:压顶	周边抹灰面积	m^2	16.915
45	020301001001	天棚抹灰	m^2	134.502
45.1	B:房	棚2B(天棚抹灰面积)	m^2	94.02
45.2	B:楼梯	楼梯板底抹灰(棚2B)	m^2	9.112

续表

序号	编码	项目名称	单位	工程量
45.3	B:挑檐	棚 2B(板面积)	m^2	25.898
45.4	B:阳台	棚 2B(板面积)	m^2	5.472
46	020302001001	天棚吊顶	m^2	15.592
46.1	B:房	棚 26(吊顶面积)	m^2	15.592
47	020401001001	镶板木门 - 2400 × 2700	樘	1
47.1	B:镶板门	洞口面积	m^2	6.48
47.2	B:镶板门	五金	个	1
48	020401004001	胶合板门 - 900 × 2100	樘	2
48.1	B:胶合板门	五金	个	2
48.2	B:胶合板门	洞口面积	m^2	3.78
49	020401004002	胶合板门 - 900 × 2400	樘	4
49.1	B:胶合板门	五金	个	4
49.2	B:胶合板门	洞口面积	m^2	8.64
50	020402005001	塑钢门 - MLC	樘	1
50.1	B:门联窗 1	塑钢门洞口面积	m^2	2.43
51	020406007001	塑钢窗 - 1800 × 1800	樘	2
51.1	B:窗	塑钢窗洞口面积	m^2	6.48
52	020406007002	塑钢窗 - MLC	樘	1
52.1	B:门联窗 1	塑钢窗洞口面积	m^2	2.7
53	020406007003	塑钢窗 - 1500 × 1800	樘	8
53.1	B:窗	塑钢窗洞口面积	m^2	21.6
54	020501001001	门油漆	樘	7
54.1	B:胶合板门	油漆面积	m^2	12.42
54.2	B:镶板门	油漆面积	m^2	6.48
55	京 010101007001	土(石)方铲运	m^3	47.796
55.1	B:土方填运	余土外运体积	m^3	47.796
56	京 020108006001	混凝土台阶面	m^2	6.24
56.1	B:台阶	台阶面积	m^2	6.24

3.4.3.3　招标人(标底)清单做法汇总表(措施项目)(见表3-11)

表3-11　招标人(标底)清单做法汇总表(措施项目)

序号	编码	项目名称	单位	工程量
1	1.8	混凝土、钢筋混凝土模板及支架	项	1
1.1	B:板100	模板面积	m^2	109.162
1.2	B:构造柱	模板面积	m^2	3.456
1.3	B:过梁	模板面积	m^2	21.06
1.4	B:框架柱	模板面积	m^2	132.48
1.5	B:框架柱(基)	模板面积	m^2	18.4
1.6	B:框梁	模板面积	m^2	117.798
1.7	B:楼梯	模板面积	m^2	7.924
1.8	B:满基垫层	模板面积	m^2	3.9
1.9	B:满基梁	模板面积	m^2	19.72
1.10	B:满堂基础	模板面积	m^2	7.64
1.11	B:散水	散水模板面积	m^2	2.936
1.12	B:挑檐	底模面积	m^2	25.898
1.13	B:挑檐	侧模面积	m^2	4.232
1.14	B:挑檐栏板	模板面积	m^2	16.784
1.15	B:压顶	模板面积	m^2	6.343
1.16	B:阳台	侧模面积	m^2	0.696
1.17	B:阳台	底模面积	m^2	5.472
1.18	B:阳台栏板	模板面积	m^2	12.312
2	1.9	脚手架	项	1
2.1	B:脚手架	综合脚手架面积	m^2	153.536

3.4.4　怎样用清单的量进行组价

有了工程量以后,就可以用清单的量进行组价,清单模式的组价方法和定额模式类似,具体方法如下。

3.4.4.1　清单模式算量组价汇总表(实体项目)(见表3-12)

表 3-12　清单模式算量组价汇总表（实体项目）

算量部分					组价部分				
序号	编码	项目名称	单位	工程量	详细做法	定额号	定额名称	单位	工程量
1	实木地板	块料地面积	m^2	15.592					
1.1	B:房	地25A（块料地面积）	m^2	16.326	1. 9.5厚硬实木复合地板	2:1-88	木地板 硬实木复合地板 单层	m^2	16.326
					2. 35厚C15细石混凝土随打随抹平	2:1-23	找平层 预拌细石混凝土 厚度30mm	m^2	16.326
						2:1-24	找平层 预拌细石混凝土 每增减5mm	m^2	16.326
					3. 1.5厚聚氨酯涂膜防潮层	1:13-69	厨房、卫生间楼地面防水 聚氨脂防水 厚度2mm	m^2	16.326
						减1:13-70	厨房、卫生间楼地面防水 聚氨脂防水 厚度2mm 每增减0.5mm	m^2	16.326
					4. 50厚C15细石混凝土随打随抹平	2:1-23	找平层 预拌细石混凝土 厚度30mm	m^2	16.326
						2:1-24 乘4	找平层 预拌细石混凝土 每增减5mm	m^2	16.326
1.2	B:房	地25A地面积（计算房心垫层用）	m^2	15.592	5. 150厚3:7灰土	2:1-1	垫层 灰土3:7	m^2	15.592×0.15
					6. 素土夯实，压实系数0.90	1:1-14	人工土石方 房心回填	m^2	15.592×0.204
2	010101001001	平整场地	m^2	75.4					
2.1	B:平整场地	面积×1.4	m^2	105.56		1:1-55	场地 平整	m^2	105.56
3	010101003001	挖基础土方	m^3	101.844					
3.1	B:土方开挖	底面积	m^2	100.62					
3.2	B:土方开挖	土方体积	m^3	115.713		1:1-2	人工土石方 人工挖土 土方	m^3	115.713
4	010103001001	土(石)方回填	m^3	54.048					
4.1	B:土方填运	基础回填土体积	m^3	67.917		1:1-7	人工土石方 回填土 夯填	m^3	67.917

续表

算量部分					组价部分				
序号	编码	项目名称	单位	工程量	详细做法	定额号	定额名称	单位	工程量
5	010301001001	砖基础	m^3	14.58					
5.1	B:墙24(基础)	50号水浆体积	m^3	3.432		1:4-1	砌砖 砖基础	m^3	3.432
5.2	B:墙37(基础)	50号水浆体积	m^3	11.148		1:4-1	砌砖 砖基础	m^3	11.148
6	010302001001	实心砖墙	m^3	73.179					
6.1	B:墙24	50号混浆体积	m^3	22.305		1:4-3换	砌砖 砖内墙	m	22.305
6.2	B:墙37	50号混浆体积	m^3	50.874		1:4-2换	砌砖 砖外墙	m^3	50.874
7	10401003001	满堂基础	m^3	38.61					
7.1	B:满基垫层	垫层底面积	m^2	88.56		1:1-16	人工土石方 地坪原土打夯	m^2	88.56
7.2	B:满基垫层	C15体积	m^3	8.856		1:6-2	现浇混凝土构件 基础垫层C15	m^3	8.856
7.3	B:满基梁	C30体积	m^3	4.628		1:5-4换	现浇混凝土构件 满堂基础C25	m^3	4.628
7.4	B:满堂基础	C30体积	m^3	25.126		1:5-4换	现浇混凝土构件 满堂基础C25	m^3	25.126
8	10402001001	矩形柱 混凝土C30	m^3	2.12					
8.1	B:框架柱(基)	C30体积	m^3	2.12	基础框架柱混凝土	1:6-17	现浇混凝土构件 柱C30	m^3	2.12
9	10402001003	矩形柱	m^3	15.264					
9.1	B:框架柱	C25体积	m^3	15.264	框架柱体积	1:6-17换	现浇混凝土构件 柱C30	m^3	15.264
10	10402001002	矩形柱(构造)	m^3	0.346					
10.1	B:构造柱	C25体积	m^3	0.346	构造柱体积	1:6-21	现浇混凝土构件 构造柱C25	m^3	0.346
11	10403002001	矩形梁	m^3	16.452					
11.1	B:框梁	C25体积	m^3	16.452		1:5-24换	现浇混凝土构件 梁C30	m^3	16.452
12	10403004001	圈梁	m^3	0.607					
12.1	B:压顶	C25体积	m^3	0.607	压顶体积	1:6-27	现浇混凝土构件 过梁、圈梁C25	m^3	0.607
13	10403005001	过梁	m^3	2.129					
13.1	B:过梁	C25体积	m^3	2.129		1:5-27	现浇混凝土构件 过梁、圈梁C25	m^3	2.219

续表

算量部分					组价部分				
序号	编码	项目名称	单位	工程量	详细做法	定额号	定额名称	单位	工程量
14	10405003001	平板	m^3	10.916					
14.1	B:板 100	C25 体积	m^3	10.961		1:5-28	现浇混凝土构件板 C25	m^3	10.961
15	10405006001	栏板(阳台)	m^3	0.369					
15.1	B:阳台栏板	C25 体积	m^3	0.369	阳台栏板体积	1:6-51	现浇混凝土构件栏板 C25	m^3	0.369
16	10405006002	栏板(挑檐)	m^3	0.504					
16.1	B:挑檐栏板	C25 体积	m^3	0.504		1:6-51	现浇混凝土构件栏板 C25	m^3	0.504
17	10405008001	雨篷、阳台板(阳台)	m^3	0.547					
17.1	B:阳台	C25(板体积)	m^3	0.547	阳台板混凝土	1:5-44	现浇混凝土构件阳台 C25	m^3	0.547
18	10405008001	雨篷、阳台板(挑檐)	m^3	2.59					
18.1	B:挑檐	C25(板体积)	m^3	2.59	挑檐平板混凝土	1:6-46	现浇混凝土构件雨罩 C25	m^3	2.59
19	10406001001	直形楼梯	m^2	7.924					
19.1	B:楼梯	混凝土投影面积	m^2	7.924	楼梯混凝土	1:5-40	现浇混凝土构件楼梯 直形 C25	m^2	7.924
20	10407002001	散水、坡道	m^2	18.975					
20.1	B:散水	散水面层一次抹光面积	m^2	18.975		2:1-213	散水 水泥砂浆	m^2	18.975
20.2	B:散水	散水垫层体积	m^3	1.518		1:6-1	现浇混凝土构件基础垫层 C10	m^3	1.518
20.3	B:散水	散水贴墙伸缩缝长度	m	36.2		2:9-11	变形缝 灌沥青砂浆	m	36.2
20.4	B:散水伸缩缝	长度	m	4.761		2:9-11	变形缝 灌沥青砂浆	m	4.761
21	10702001001	屋面卷材防水(挑檐)	m^2	40.75					
21.1	B:屋面(挑檐)	立面(卷边面积)	m^2	17.37	防水层上翻	1:13-100	屋面防水 SBS 改性沥青防水卷材 厚度 5mm	m^2	17.37

续表

算量部分					组价部分				
序号	编码	项目名称	单位	工程量	详细做法	定额号	定额名称	单位	工程量
21.2	B:屋面(挑檐)	平面(面积)	m^2	23.38	防水层	1:13-100	屋面防水 SBS 改性沥青防水卷材厚度5mm	m^2	23.38
22	10702001001	屋面卷材防水(板顶)	m^2	75.512					
22.1	B:屋面(板顶)	立面(卷边面积)	m^2	8.57	防水层上翻	1:13-100	屋面防水 SBS 改性沥青防水卷材厚度5mm	m^2	8.57
22.2	B:屋面(板顶)	平面(面积)	m^2	66.942	防水层	1:13-100	屋面防水 SBS 改性沥青防水卷材厚度5mm	m^2	66.942
23	10702004001	屋面排水管(阳台)	m	30.7					
23.1	B:阳台	阳台出水口个数	套	2	套换成 m	1:12-58	屋面排水 阳台排水口	m	2×0.25
24	10702004001	屋面排水管(板顶)	m	30.7					
24.1	B:水落管	长度	m	30.2		1:12-56	屋面排水 水落管 ϕ110 玻璃钢	m	30.2
24.2	B:水落管	水斗	个	4		1:12-65	屋面排水 雨水斗 ϕ110 玻璃钢	个	4
24.3	B:水落管	出水口	个	4		1:12-62	屋面排水 ϕ100 铸铁承接水口	个	4
24.4	B:水落管	弯头	个	4		1:12-60	屋面排水 铸铁弯头出水口	个	4
25	10803001001	保温隔热屋面(板顶)	m^2	66.942					
25.1	B:屋面(板顶)	平面(面积)	m^2	66.942	填充料上找平	1:12-22	找坡层 水泥砂浆坡屋面找平层 厚度(mm)20 软基层	m^2	66.942
					保温层	1:12-4	屋面保温 膨胀珍珠岩块	m^3	66.942×0.1
					找坡层	1:12-17	找坡层 水泥焦渣	m^2	66.942×0.05
					硬基层上找平	1:12-21	找坡层 水泥砂浆坡屋面找平层 厚度(mm)20 硬基层	66.942	m^2

续表

算量部分					组价部分				
序号	编码	项目名称	单位	工程量	详细做法	定额号	定额名称	单位	工程量
26	10803001001	保温隔热屋面（挑檐）	m^2	23.38					
26.1	B:屋面(挑檐)	平面(面积)	m^2	23.38	填充料上找平	1:12-22	找坡层 水泥砂浆坡屋面找平层 厚度(mm) 20 软基层	m^2	23.38
					找坡层	1:12-17	找坡层 水泥焦渣	m^3	23.38×0.05
27	20101001002	水泥砂浆楼地面(楼2D)	m^2	35.252					
27.1	B:房	楼2D(地面积)	m^2	35.252	1. 20厚1:2.5水泥砂浆抹面压实赶光 2. 素水泥浆一道(内掺建筑胶) 3. 钢筋混凝土叠合层(或现浇钢筋混凝土楼板)	2:1-25	整体面层 1:2.5水泥砂浆 厚度(mm)20 有素浆	m^2	35.252
28	20101001001	水泥砂浆楼地面(地3A)	m^2	7.924					
28.1	B:房	地3A(地面积)	m^2	7.924	1. 20厚1:2.5水泥砂浆抹面压实赶光 2. 素水泥浆一道(内掺建筑胶)	2:1-25	整体面层 1:2.5水泥砂浆 厚度(mm)20 有素浆	m^2	7.924
					3. 50厚C10混凝土	2:1-9	垫层 预拌 混凝土	m^2	7.924×0.05
					4. 150厚3:7灰土)	2:1-1	垫层 灰土3:7	m^2	7.924×0.15
					5. 素土夯实,压实系数0.90	1:1-14	人工土石方 房心回填	m^2	7.924×0.23
29	20102002002	块料楼地面(楼8D阳台)	m^2	5.062					

续表

算量部分					组价部分				
序号	编码	项目名称	单位	工程量	详细做法	定额号	定额名称	单位	工程量
29.1	B:房	楼 8D（块料地面积）	m^2	5.062	1. 10 厚铺地砖，稀水泥浆（或彩色水泥浆）擦缝	2:1－51	块料面层 地砖 建筑砂浆粘贴 每块面积（0.09m^2 以内）	m^2	5.062
					2. 6 厚建筑胶水泥砂浆粘结层				
					3. 素水泥浆一道（内掺建筑胶）				
					4. 35 厚 C15 细石混凝土找平层	2:1－23	找平层 预拌细石混凝土 厚度 30mm	m^2	5.062
					5. 素水泥浆一道（内掺建筑胶）	2:1－24	找平层 预拌细石混凝土 每增减 5mm	m^2	5.062
					6. 钢筋混凝土楼板				
30	20102002001	块料楼地面（楼 8D）	m^2	15.592					
30.1	B:房	楼 8D（块料地面积）	m^2	16.049	1. 10 厚铺地砖，稀水泥浆（或彩色水泥浆）擦缝	2:1－51	块料面层 地砖 建筑砂浆粘贴 每块面积（0.09m^2 以内）	m^2	16.049
					2. 6 厚建筑胶水泥砂浆粘结层				
					3. 素水泥浆一道（内掺建筑胶）				
					4. 35 厚 C15 细石混凝土找平层	2:1－23	找平层 预拌细石混凝土 厚度 30mm	m^2	16.049
					5. 素水泥浆一道（内掺建筑胶）	2:1－24	找平层 预拌细石混凝土 每增减 5mm	m^2	16.049
					6. 钢筋混凝土楼板				
31	20102002003	块料楼地面（地 9）	m^2	35.252					

续表

算量部分					组价部分				
序号	编码	项目名称	单位	工程量	详细做法	定额号	定额名称	单位	工程量
31.1	B:房	地9(块料地面积)	m^2	35.294	1. 10厚铺地砖,稀水泥浆(或彩色水泥浆)擦缝 2. 6厚建筑胶水泥砂浆粘结层	2:1-51	块料面层 地砖 建筑砂浆粘贴 每块面积(0.09m^2以内)	m^2	35.294
					3. 20厚1:3水泥砂浆找平 4. 素水泥结合层一道	2:1-14	找平层 1:3水泥砂浆 厚度(mm) 20硬基层上	m^2	35.294
					5. 50厚C10混凝土	2:1-9	垫层 预拌 混凝土	m^3	35.294×0.05
31.2	B:房	地9地面积(计算房心垫层用)	m^2	35.252	6. 150厚3:7灰土	2:1-1	垫层 灰土3:7	m^2	35.252×0.15
					7. 素土夯实,压实系数0.90	1:1-14	人工土石方 房心回填	m^2	35.252×0.214
32	20105001001	水泥砂浆踢脚线	m^2	5.504					
32.1	B:房	踢2A(踢脚抹灰长度)	m	47.52	1. 8厚1:2.5水泥砂浆罩面压实赶光 2. 素水泥浆一道 3. 10厚1:3水泥砂浆打底扫毛或划出纹道	2:1-164	踢脚 水泥	m	47.52
33	20105003001	块料踢脚线	m^2	5.714					
33.1	B:房	踢10A(踢脚块料长度)	m	47.61	1. 10厚大理石板,正、背面及四周边满涂防污剂,稀水泥浆(或彩色水泥浆)擦缝 2. 12厚1:2水泥砂浆(内掺建筑胶)粘结层 3. 5厚1:3水泥砂浆打底扫毛或划出纹道	2:1-173	踢脚 大理石	m	47.61

续表

算量部分					组价部分				
序号	编码	项目名称	单位	工程量	详细做法	定额号	定额名称	单位	工程量
34	20106003001	水泥砂浆楼梯面	m^2	7.924					
34.1	B:楼梯	装修面积	m^2	7.924	楼梯抹灰	2:1-147	楼梯 水泥面	m^2	7.924
35	20107001001	金属扶手带栏杆、栏板	m	7.259					
35.1	B:楼梯	不锈钢栏杆扶手长度	m^2	7.259		2:7-7	楼梯栏杆(板)不锈钢栏杆 栏杆 直形	m	7.259
36	20201001001	墙面一般抹灰	m^2	18.511					
36.1	B:女儿墙内装修	外墙5A(墙裙抹灰面积)	m^2	18.511		2:3-4	外墙装修 一般抹灰、装饰抹灰 水泥砂浆 混凝土、砌块墙	m^2	18.511
37	20201002002	墙面装饰抹灰	m^2	361.646					
37.1	B:房	内墙5A(墙面抹灰面积)	m^2	364.814	1. 喷(刷、辊)面浆饰面(水性耐擦洗涂料)	2:3-104	内墙装修 涂料及裱糊面层 耐擦洗涂料	m^2	364.814
					2. 5厚1:2.5水泥砂浆找平 3. 9厚1:3水泥砂浆打底扫毛或划出纹道	2:3-82	内墙装修 抹灰 水泥砂浆 混凝土、砌块	m^2	364.814
38	20203001004	零星项目一般抹灰(挑檐栏板)	m^2	2.518					
38.1	B:挑檐栏板	顶面积	m^2	2.518	挑檐栏板顶抹水浆	2:3-204	零星项目 抹灰 水泥砂浆	m^2	2.518
						2:3-29	外墙装修 涂料 涂料面层 仿石	m^2	2.518
39	20203001002	零星项目一般抹灰(阳台)	m^2	13.008					

续表

算量部分					组价部分				
序号	编码	项目名称	单位	工程量	详细做法	定额号	定额名称	单位	工程量
39.1	B:阳台	阳台板侧面积(栏板外边线长度×0.1)	m^2	0.696	阳台底板外侧抹灰	2:3-204	零星项目 抹灰 水泥砂浆	m^2	0.696
						2:3-29	外墙装修 涂料 涂料面层 仿石	m^2	0.696
39.2	B:阳台	栏板外装修面积	m^2	6.264	阳台栏板外抹水浆	2:3-204	零星项目 抹灰 水泥砂浆	m^2	6.264
					阳台栏板外刷涂料	2:3-29	外墙装修 涂料 涂料面层 仿石	m^2	6.264
39.3	B:阳台	栏板内装修面积	m^2	6.048	阳台栏板内抹水浆	2:3-204	零星项目 抹灰 水泥砂浆	m^2	6.048
					阳台栏板内刷涂料	2:3-109	内墙装修 涂料及裱糊面层 仿瓷涂料	m^2	6.048
40	20203001003	零星项目一般抹灰(阳台栏板)	m^2	0.41					
40.1	B:阳台栏板	顶面积	m^2	0.41	挑檐栏板顶抹水浆	2:3-204	零星项目 抹灰 水泥砂浆	m^2	0.41
41	20203001001	零星项目一般抹灰(挑檐)	m^2	21.016					
41.1	B:挑檐	挑檐板侧面积(栏板外边线长度×0.1)	m^2	4.232	挑檐板侧抹水浆	2:3-204	零星项目 抹灰 水泥砂浆	m^2	4.232
					挑檐板侧刷涂料	2:3-29	外墙装修 涂料 涂料面层 仿石	m^2	4.232
41.2	B:挑檐	栏板外装修面积(栏板外边线长度×0.2)	m^2	8.464	挑檐栏板外水浆	2:3-204	零星项目 抹灰 水泥砂浆	m^2	8.464
					挑檐栏板外涂料	2:3-29	外墙装修 涂料 涂料面层 仿石	m^2	8.464
38.3	B:挑檐	栏板内装修面积	m^2	8.32	挑檐栏板内抹水浆	2:3-204	零星项目 抹灰 水泥砂浆	m^2	8.32
42	20204003001	块料墙面	m^2	270.899					

续表

算量部分					组价部分				
序号	编码	项目名称	单位	工程量	详细做法	定额号	定额名称	单位	工程量
42.1	B:外装	外墙 27A1（外墙面块料面积）	m^2	102.083	1. 1:1 水泥（或水泥掺色）砂浆（细纱）勾缝 2. 贴6-10厚彩釉面砖 3. 6厚1:0.2:2.5水泥石灰膏砂浆（掺建筑胶） 4. 12厚1:3水泥砂浆打底扫毛或划出纹道	2:3-40	外墙装修 块料 釉面砖（砂浆粘贴）每块面积 $0.015m^2$ 以内 勾缝	m^2	102.083
42.2	B:外装	外墙 27A1（外墙裙块料面积）	m^2	30.182	1. 1:1 水泥（或水泥掺色）砂浆（细纱）勾缝 2. 贴6-10厚彩釉面砖 3. 6厚1:0.2:2.5水泥石灰膏砂浆（掺建筑胶） 4. 12厚1:3水泥砂浆打底扫毛或划出纹道	2:3-40	外墙装修 块料 釉面砖（砂浆粘贴）每块面积 $0.015m^2$ 以内 勾缝	m^2	30.182
42.3	B:外装	外墙 27A1（外墙面块料面积）	m^2	138.635	1. 1:1 水泥（或水泥掺色）砂浆（细纱）勾缝 2. 贴6-10厚彩釉面砖 3. 6厚1:0.2:2.5水泥石灰膏砂浆（掺建筑胶） 4. 12厚1:3水泥砂浆打底扫毛或划出纹道	2:3-40	外墙装修 块料 釉面砖（砂浆粘贴）每块面积 $0.015m^2$ 以内 勾缝	m^2	138.635
43	20207001001	装饰板墙面	m^2	14.196					

续表

算量部分					组价部分				
序号	编码	项目名称	单位	工程量	详细做法	定额号	定额名称	单位	工程量
43.1	B:房	裙 10A1（墙裙块料面积）	m^2	14.196	1. 油漆饰面	2:11－242	木材面油漆 木地板 润油粉二遍,油色,漆片,擦软蜡	m^2	14.196
					2. 3厚胶合板,建筑胶粘剂粘贴	2:2－166	内墙装修 内护墙面层 饰面面层 胶合板 3mm	m^2	14.196
					3. 5厚胶合板衬板背面满涂建筑胶粘剂,用胀管螺栓与墙体固定	2:2－164	内墙装修 内护墙衬板 胶合板 抹灰面上粘贴	m^2	14.196
					4. 刷高聚物改性沥青涂膜防潮层（2.5厚）	1:13－11	地下室基础防水 氯丁胶乳化沥青防水涂料 立面 厚度2mm	m^2	14.196
						1:13－12	地下室基础防水 氯丁胶乳化沥青防水涂料 立面 厚度2mm 每增减0.5mm	m^2	14.196
					5. 墙缝原浆抹平（用于砖墙）	2:3－77	内墙装修 抹灰 简易抹灰	m^2	14.196
44	20208001001	柱(梁)面装饰	m^2	16.915					
44.1	B:压顶	周边抹灰面积	m^2	16.915	压顶抹灰	2:3－204	零星项目 抹灰 水泥砂浆	m^2	16.915
45	20301001001	天棚抹灰	m^2	134.502					
45.1	B:房	棚 2B（天棚抹灰面积）	m^2	94.02	1 喷(刷、辊)面浆饰面（水性耐擦洗涂料）	2:2－109	天棚面层装饰 涂料 耐擦洗涂料	m^2	94.02
					2. 满刮2厚面层耐水腻子找平	2:2－104	天棚面层装饰 耐水腻子 现浇板	m^2	94.02
					3. 板底满刮3厚底基防裂腻子分遍找平				
					4. 素水泥浆一道甩毛（内掺建筑胶）				

续表

算量部分					组价部分				
序号	编码	项目名称	单位	工程量	详细做法	定额号	定额名称	单位	工程量
45.2	B:楼梯板底	棚 2B（板面积）	m^2	9.11	楼梯底面刷涂料	2:2-109	天棚面层装饰 涂料 耐擦洗涂料	m^2	7.924×1.15
					楼梯底面刮腻子	2:2-104	天棚面层装饰 耐水腻子 现浇板	m^2	7.924×1.15
45.3	B:挑檐	棚 2B（板面积）	m^2	25.898	挑檐板底涂料	2:2-109	天棚面层装饰 涂料 耐擦洗涂料	m^2	25.898
					挑檐板底刮腻子	2:2-104	天棚面层装饰 耐水腻子 现浇板	m^2	25.898
45.4	B:阳台	棚 2B（板面积）	m^2	5.472	阳台板底涂料	2:2-109	天棚面层装饰 涂料 耐擦洗涂料	m^2	5.472
					阳台板底刮腻子	2:2-104	天棚面层装饰 耐水腻子 现浇板	m^2	5.472
46	20302001001	天棚吊顶	m^2	15.592					
46.1	B:房	棚 26（吊顶面积）	m^2	15.592	1. 饰面（饰 1:水性耐擦洗涂料）	2:2-109	天棚面层装饰 涂料 耐擦洗涂料	m^2	15.592
					2. 满刮 2 厚面层耐水腻子找平 3. 满刮氯偏乳液（或乳化光油）防潮涂料两道，横纵向各刷一道，（防水石膏板无次道工序）	2:2-107	天棚面层装饰 耐水腻子 纸面石膏板	m^2	15.592
					4. 9.5 厚纸面石膏板，用自攻螺丝与龙骨固定，中距≤200	2:2-69	天棚面层 纸面石膏板 安装在 U 型龙骨	m^2	15.592
					5. U 型轻钢龙骨横撑 CB50×20（或 CB60×27）中距 1200 6. U 型轻钢次龙骨 CB50×20（或 CB60×27）中距 429，龙骨吸顶吊件用膨胀栓与钢筋混凝土板固定	2:2-7	U 型轻钢龙骨 单层龙骨 面板规格（0.5m^2 以外）吸顶式	m^2	15.592

续表

算量部分					组价部分				
序号	编码	项目名称	单位	工程量	详细做法	定额号	定额名称	单位	工程量
47	20401001001	镶板木门－2400×2700	樘	1					
47.1	B:镶板门	洞口面积	m^2	6.48	制作(含安装、五金、运输)	2:6－3	木门窗 镶板门	m^2	6.48
47.2	B:镶板门	五金	个	1		2:6－101	特殊五金 门锁 弹子锁	个	1
48	20401004001	胶合板门－900×2100	樘	2					
48.1	B:胶合板门	洞口面积	m^2	3.78	制作(含安装、五金、运输)	2:6－2	木门窗 胶合板门	m^2	3.78
48.2	B:胶合板门	五金	m^2	2		2:6－101	特殊五金 门锁 弹子锁	个	2
49	20401004002	胶合板门－900×2400	樘	4					
49.1	B:胶合板门	洞口面积	m^2	8.64	制作(含安装、五金、运输)	2:6－2	木门窗 胶合板门	m^2	8.64
49.2	B:胶合板门	五金	m^2	4		2:6－101	特殊五金 门锁 弹子锁	个	4
50	20402005001	塑钢门－MLC	樘	1					
50.1	B:门联窗1	塑钢门洞口面积	m^2	2.43	制作(含安装)	2:6－39	塑钢门窗 平开门双玻	m^2	2.43
51	20406007001	塑钢窗－1500×1800	樘	8					
51.1	B:窗	塑钢窗洞口面积	m^2	21.6	制作(含安装、五金、运输)	2:6－46	塑钢门窗 推拉窗双玻	m^2	21.6
52	20406007002	塑钢窗－MLC	樘	1					
52.1	B:门联窗1	塑钢窗洞口面积	m^2	2.7		2:6－44	塑钢门窗 平开窗双玻	m^2	2.7

续表

算量部分					组价部分				
序号	编码	项目名称	单位	工程量	详细做法	定额号	定额名称	单位	工程量
53	20406007003	塑钢窗 - 1800×1800	樘	2					
53.1	B:窗	塑钢窗洞口面积	m^2	6.48	制作（含安装、五金、运输）	2:6-46	塑钢门窗 推拉窗 双玻	m^2	6.48
54	20501001001	门油漆	樘	7					
54.1	B:胶合板门	油漆面积	m^2	12.42	油漆	2:11-1	木材面油漆 底油一遍，调合漆二遍 单层木门，窗	m^2	12.42
54.2	B:镶板门	油漆面积	m^2	6.48	油漆	2:11-1	木材面油漆 底油一遍，调合漆二遍 单层木门，窗	m^2	6.48
55	京010101007001	土（石）方铲运	m^3	47.796					
55.1	B:土方填运	余土外运体积	m^3	47.796		1:1-21	机械土石方 机挖土石方 车运1km	m^3	47.796
56	京020108006001	混凝土台阶面	m^2	6.24					
56.1	B:台阶	台阶面积	m^2	6.24	台阶地面		整体面层 1:2.5 水泥砂浆 厚度20mm 有素浆	m^2	1.6×2.7
					台阶混凝土层	1:6-52	现浇混凝土构件 台阶 C15	m^2	6.24×1.15×0.1
					台阶素土垫层	1:1-14	人工土石方 房心回填	m^2	6.24×0.85×0.35

3.4.4.2 清单模式算量组价汇总表(措施项目)(见表3-13)

表3-13 清单模式算量组价汇总表(措施项目)

算量部分					组价部分				
序号	编码	项目名称	单位	工程量	详细做法	定额号	定额名称	单位	工程量
1	1.8	混凝土、钢筋混凝土模板及支架	项	1					
1.1	B:板100	模板面积	m^2	109.162		1:7-45	现浇混凝土模板 平板 普通模板	m^2	109.162
1.2	B:构造柱	模板面积	m^2	3.456	构造柱模板	1:7-17	现浇混凝土模板 构造柱	m^2	3.456
1.3	B:过梁	模板面积	m^2	21.06		1:7-64	现浇混凝土模板 小型构件	m^2	21.06
1.4	B:框架柱	模板面积	m^2	132.48	框架柱模板	1:7-11	现浇混凝土模板 矩形柱 普通模板	m^2	150.88
1.5	B:框架柱(基)	模板面积	m^2	18.4					
1.6	B:框梁	模板面积	m^2	117.798		1:7-28	现浇混凝土模板 矩形梁 普通模板	m^2	117.798
1.7	B:楼梯	模板面积	m^2	7.924	楼梯模板	1:7-54	现浇混凝土模板 楼梯 直形	m^2	7.924
1.8	B:满基垫层	模板面积	m^2	3.9		1:7-1	现浇混凝土模板 基础垫层	m^2	3.9
1.9	B:满基梁	模板面积	m^2	19.72		1:7-27	现浇混凝土模板 基础梁	m^2	19.72
1.10	B:满堂基础	模板面积	m^2	7.64		1:7-7	现浇混凝土模板 满堂基础	m^2	7.64
1.11	B:散水	散水模板面积	m^2	2.936		1:7-1	现浇混凝土模板 基础垫层	m^2	2.936
1.12	B:挑檐	侧模面积	m^2	4.232	挑檐底板侧模板	1:7-57	现浇混凝土模板 挑檐、天沟		4.232
1.13	B:挑檐	底模面积	m^2	25.898	挑檐平板底模	1:7-57	现浇混凝土模板 挑檐、天沟	m^2	25.898
1.14	B:挑檐栏板	模板面积	m^2	16.784		1:7-60	现浇混凝土模板 栏板	m^2	16.784
1.15	B:压顶	模板面积	m^2	6.343	压顶模板	1:7-28	现浇混凝土模板 矩形梁 普通模板	m^2	6.343
1.16	B:阳台	侧模面积	m^2	0.696	阳台底板侧模板	1:7-56	现浇混凝土模板 阳台、雨罩	m^2	0.696

续表

算量部分					组价部分				
序号	编码	项目名称	单位	工程量	详细做法	定额号	定额名称	单位	工程量
1.17	B:阳台	底模面积	m^2	5.472	阳台板底模板	1:7-56	现浇混凝土模板阳台、雨罩	m^2	5.472
1.18	B:阳台栏板	模板面积	m^2	12.312	阳台栏板模板	1:7-60	现浇混凝土模板栏板	m^2	12.312
1.19	B:台阶	模板面积	m^2	6.24	台阶模板	1:7-66	现浇混凝土模板台阶	m^2	6.24
2	1.9	脚手架	项	1					
2.1	B:脚手架	综合脚手架面积	m^2	153.536		1:15-6	脚手架 框架结构檐高(m) 25 以下	m^2	153.536

思考与练习

1. 怎样将定额模式画出来的图导入清单模式?
2. 导到清单模式后构件的“属性编辑”信息还在吗?
3. 导到清单模式后“构件做法”信息还在吗?我们如何处理?
4. 招标人要做标底,需要套哪些定额?
5. 软件是如何处理措施项目的?

设计总说明

一、工程概况

1. 本工程为框架结构，地上两层，基础为梁板式筏型基础。

二、抗震等级

1. 本工程为1级抗震。

三、混凝土标号

基础垫层	C10
正负零以下	C30
正负零以上	C25

四、钢筋混凝土结构构造

1. 混凝土保护层厚度：

   板：15mm。梁和柱：25mm。基础底板：40mm。

2. 钢筋接头形式及要求：

   直径≥18mm采用机械连接；<18mm采用搭接形式构造。

3. 未注明的分布钢筋为8@200。

五、墙体加筋

1. 砖墙与框架柱及构造柱连接处应设连结筋，须每隔500mm高度配2根圆6拉接筋，并深进墙内1000mm。

门窗过梁表

mm

<table>
<tr><th rowspan="2">名称</th><th colspan="3" rowspan="2">宽度</th><th colspan="3" rowspan="2">高度</th><th rowspan="2">离地高</th><th rowspan="2">材质</th><th colspan="3">数量</th><th colspan="3">过梁</th></tr>
<tr><th>一层</th><th>二层</th><th>总数</th><th>高度</th><th>宽度</th><th>长度</th></tr>
<tr><td>M－1</td><td colspan="3">2400</td><td colspan="3">2700</td><td></td><td>镶板门</td><td>1</td><td></td><td>1</td><td>240</td><td rowspan="9">同墙厚</td><td rowspan="9">洞口宽度＋500</td></tr>
<tr><td>M－2</td><td colspan="3">900</td><td colspan="3">2400</td><td></td><td>胶合板门</td><td>2</td><td>2</td><td>4</td><td>120</td></tr>
<tr><td>M－3</td><td colspan="3">900</td><td colspan="3">2100</td><td></td><td>胶合板门</td><td>1</td><td>1</td><td>2</td><td>120</td></tr>
<tr><td>C－1</td><td colspan="3">1500</td><td colspan="3">1800</td><td>900</td><td>塑钢窗</td><td>4</td><td>4</td><td>8</td><td>180</td></tr>
<tr><td>C－2</td><td colspan="3">1800</td><td colspan="3">1800</td><td>900</td><td>塑钢窗</td><td>1</td><td>1</td><td>2</td><td>180</td></tr>
<tr><td rowspan="4">MC－1</td><td rowspan="3">总宽</td><td colspan="2">其中</td><td rowspan="3">总高</td><td colspan="2">其中</td><td rowspan="3"></td><td rowspan="4">塑钢
门联窗</td><td rowspan="4"></td><td rowspan="4">1</td><td rowspan="4">1</td><td rowspan="4">240</td></tr>
<tr><td rowspan="2">窗宽</td><td rowspan="2">门宽</td><td rowspan="2">窗高</td><td rowspan="2">门高</td></tr>
<tr></tr>
<tr><td>2400</td><td>1500</td><td>900</td><td>2700</td><td>1800</td><td>2700</td><td>900</td></tr>
</table>

装修做法

<table>
<tr><th>层</th><th colspan="2">房间名称</th><th>地面</th><th>踢脚 120mm</th><th>墙裙 1200mm</th><th>墙面</th><th>天棚</th></tr>
<tr><td rowspan="4">一层</td><td colspan="2">接待室</td><td>地 25A</td><td></td><td>裙 10A1</td><td>内墙 5A</td><td>棚 26（吊顶高 3000）</td></tr>
<tr><td colspan="2">图形培训室</td><td>地 9</td><td>踢 10A</td><td></td><td>内墙 5A</td><td>棚 2B</td></tr>
<tr><td colspan="2">钢筋培训室</td><td>地 9</td><td>踢 10A</td><td></td><td>内墙 5A</td><td>棚 2B</td></tr>
<tr><td colspan="2">楼梯间</td><td>地 3A</td><td>踢 2A</td><td></td><td>内墙 5A</td><td>楼梯底板做法：棚 2B</td></tr>
<tr><td rowspan="6">二层</td><td colspan="2">会客室</td><td>楼 8D</td><td>踢 10A</td><td></td><td>内墙 5A</td><td>棚 2B</td></tr>
<tr><td colspan="2">清单培训室</td><td>楼 2D</td><td>踢 2A</td><td></td><td>内墙 5A</td><td>棚 2B</td></tr>
<tr><td colspan="2">预算培训室</td><td>楼 2D</td><td>踢 2A</td><td></td><td>内墙 5A</td><td>棚 2B</td></tr>
<tr><td colspan="2">楼梯间</td><td></td><td></td><td></td><td>内墙 5A</td><td>棚 2B</td></tr>
<tr><td rowspan="2">阳台</td><td>内装修</td><td>楼 8D</td><td></td><td></td><td>阳台栏板
1:2 水浆底耐擦洗白色涂料面</td><td>阳台板底
棚 2B</td></tr>
<tr><td>外装修</td><td colspan="5">阳台栏板外装修为：1. 1:2 水泥砂浆底；2. 绿色仿石涂料面层</td></tr>
<tr><td rowspan="3">三层</td><td rowspan="2">挑檐</td><td>内装修</td><td>见图纸剖面图</td><td>外侧上翻 200
内侧上翻 250</td><td></td><td>挑檐栏板
1:2 水泥砂浆</td><td>挑檐板底
棚 2B</td></tr>
<tr><td>外装修</td><td colspan="5">挑檐栏板外装修为：1. 1:2 水泥砂浆底；2. 绿色仿石涂料面层</td></tr>
<tr><td colspan="2">不上人屋面</td><td>见图纸剖面图</td><td>防水上翻 250</td><td></td><td>女儿墙内装修为：外墙 5A</td><td></td></tr>
<tr><td rowspan="2">外墙装修</td><td colspan="7">外墙裙：高 900mm，外墙 27A1，贴彩釉面砖（红色）</td></tr>
<tr><td colspan="7">外墙面：外墙 27A1，贴彩釉面砖（白色）</td></tr>
<tr><td>台阶</td><td colspan="7">面层：1:2 水泥砂浆；台阶层：100 厚 C15 混凝土垫层；垫层：素土</td></tr>
<tr><td>散水</td><td colspan="7">面层：散水面层一次抹光；垫层：80 厚混凝土 C10 垫层；伸缩缝：沥青砂浆嵌缝</td></tr>
</table>

广联达培训楼工程做法表（图集选用 88J1-1）

编　号	装修名称	用料及分层做法
地 25A	硬实木复合地板地面	1. 9.5 厚硬实木复合地板，榫槽、榫舌及尾部满涂胶液后粘铺（专用胶与地板配套生产）
		2. 35 厚 C15 细石混凝土随打随抹平
		3. 1.5 厚聚氨酯涂膜防潮层（材料或按工程设计）
		4. 50 厚 C15 细石混凝土随打随抹平
		5. 150 厚 3:7 灰土
		6. 素土夯实，压实系数 0.90
地 9－1	铺地砖地面	1. 10 厚铺地砖，稀水泥浆（或彩色水泥浆）擦缝
		2. 6 厚建筑胶水泥砂浆粘结层
		3. 20 厚 1:3 水泥砂浆找平
		4. 素水泥结合层一道
		5. 50 厚 C10 混凝土
		6. 150 厚 3:7 灰土
		7. 素土夯实，压实系数 0.90
地 3A	水泥地面	1. 20 厚 1:2.5 水泥砂浆抹面压实赶光
		2. 素水泥浆一道（内掺建筑胶）
		3. 50 厚 C10 混凝土
		4. 150 厚 3:7 灰土
		5. 素土夯实，压实系数 0.90

续表

编　号	装修名称	用料及分层做法
楼 8D－1	铺地砖楼面	1. 10 厚铺地砖，稀水泥浆（或彩色水泥浆）擦缝
		2. 6 厚建筑胶水泥砂浆粘结层
		3. 素水泥浆一道（内掺建筑胶）
		4. 35 厚 C15 细石混凝土找平层
		5. 素水泥浆一道（内掺建筑胶）
		6. 钢筋混凝土楼板
楼 2D	水泥楼面	1. 20 厚 1:2.5 水泥砂浆抹面压实赶光
		2. 素水泥浆一道（内掺建筑胶）
		3. 钢筋混凝土叠合层（或现浇钢筋混凝土楼板）
踢 10A－2	大理石板踢脚	1. 10 厚大理石板，正、背面及四周边满涂防污剂，稀水泥浆（或彩色水泥浆）擦缝
		2. 12 厚 1:2 水泥砂浆（内掺建筑胶）粘结层
		3. 5 厚 1:3 水泥砂浆打底扫毛或划出纹道
踢 2A	水泥踢脚	1. 8 厚 1:2.5 水泥砂浆罩面压实赶光
		2. 素水泥浆一道
		3. 10 厚 1:3 水泥砂浆打底扫毛或划出纹道
裙 10A1	胶合板墙裙	1. 油漆饰面
		2. 3 厚胶合板，建筑胶粘剂粘贴
		3. 5 厚胶合板衬板背面满涂建筑胶粘剂，用胀管螺栓与墙体固定
		4. 刷高聚物改性沥青涂膜防潮层（2.5 厚）
		5. 墙缝原浆抹平（用于砖墙）

续表

编　号	装修名称	用料及分层做法
内墙 5A－1	水泥砂浆墙面	1. 喷（刷、辊）面浆饰面（水性耐擦洗涂料）
		2. 5 厚 1:2.5 水泥砂浆找平
		3. 9 厚 1:3 水泥砂浆打底扫毛或划出纹道
外墙 5A	水泥砂浆墙面	1. 6 厚 1:2.5 水泥砂浆罩面
		2. 12 厚 1:3 水泥砂浆打底扫毛或划出纹道
棚 26	纸面石膏板吊顶	1. 饰面（饰 1：水性耐擦洗涂料）
		2. 满刮 2 厚面层耐水腻子找平
		3. 满刮氯偏乳液（或乳化光油）防潮涂料两道，横纵向各刷一道，（防水石膏板无次道工序）
		4. 9.5 厚纸面石膏板，用自攻螺丝与龙骨固定，中距≦200
		5. U 型轻钢龙骨横撑 CB50×20（或 CB60×27）中距 1200
		6. U 型轻钢次龙骨 CB50×20（或 CB60×27）中距 429，龙骨吸顶吊件用膨胀栓与钢筋混凝土板固定
棚 2B－1	板底刮腻子喷涂顶棚	1 喷（刷、辊）面浆饰面（水性耐擦洗涂料）
		2. 满刮 2 厚面层耐水腻子找平
		3. 板底满刮 3 厚底基防裂腻子分遍找平
		4. 素水泥浆一道甩毛（内掺建筑胶）
外墙 27A1	贴彩釉面砖	1. 1:1 水泥（或水泥掺色）砂浆（细纱）勾缝
		2. 贴 6～10 厚 彩釉面砖
		3. 6 厚 1:0.2:2.5 水泥石灰膏砂浆（掺建筑胶）
		4. 12 厚 1:3 水泥砂浆打底扫毛或划出纹道

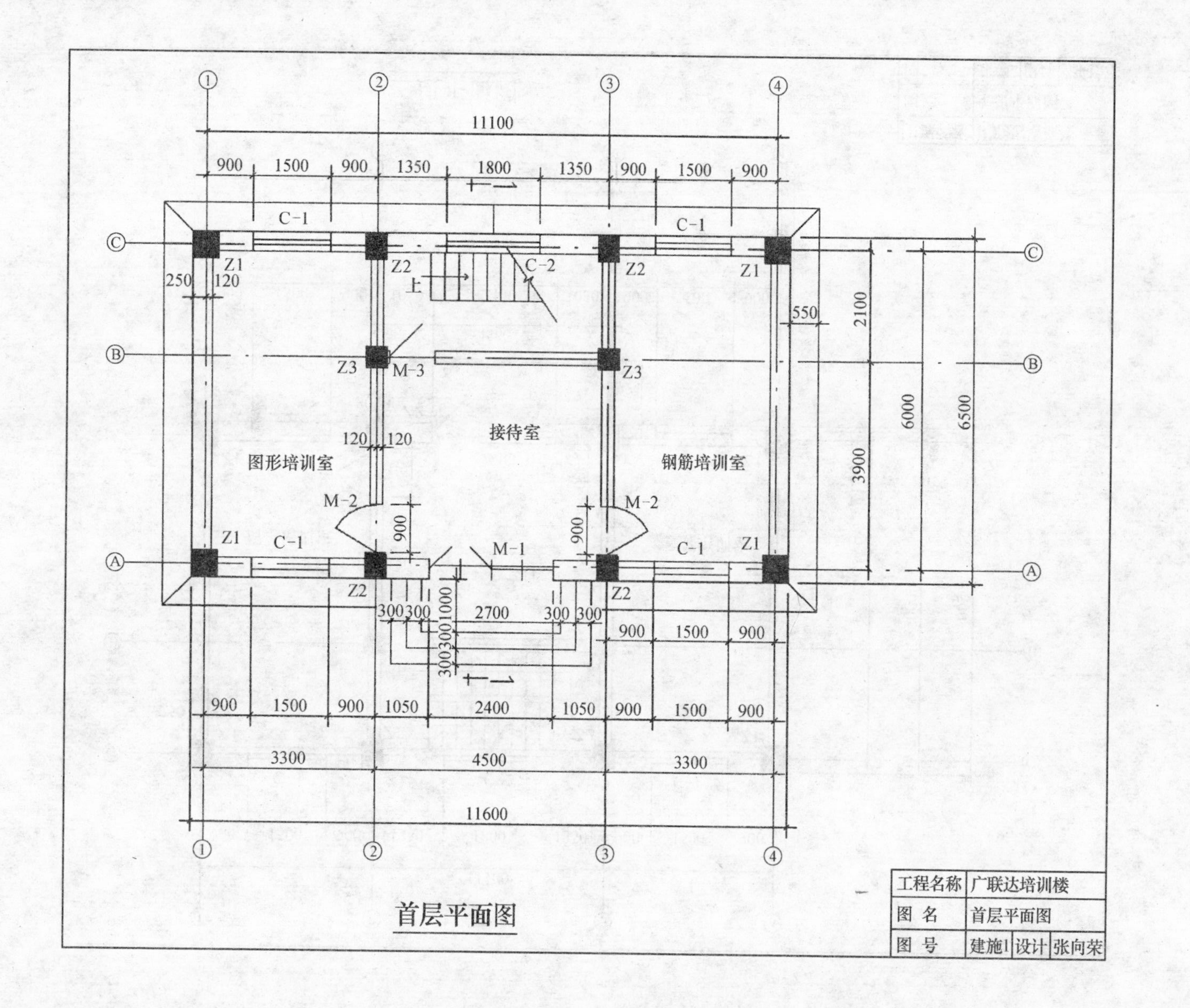
图形培训室
接待室
钢筋培训室
首层平面图
工程名称 广联达培训楼
图名 首层平面图
图号 建施1 设计 张向荣

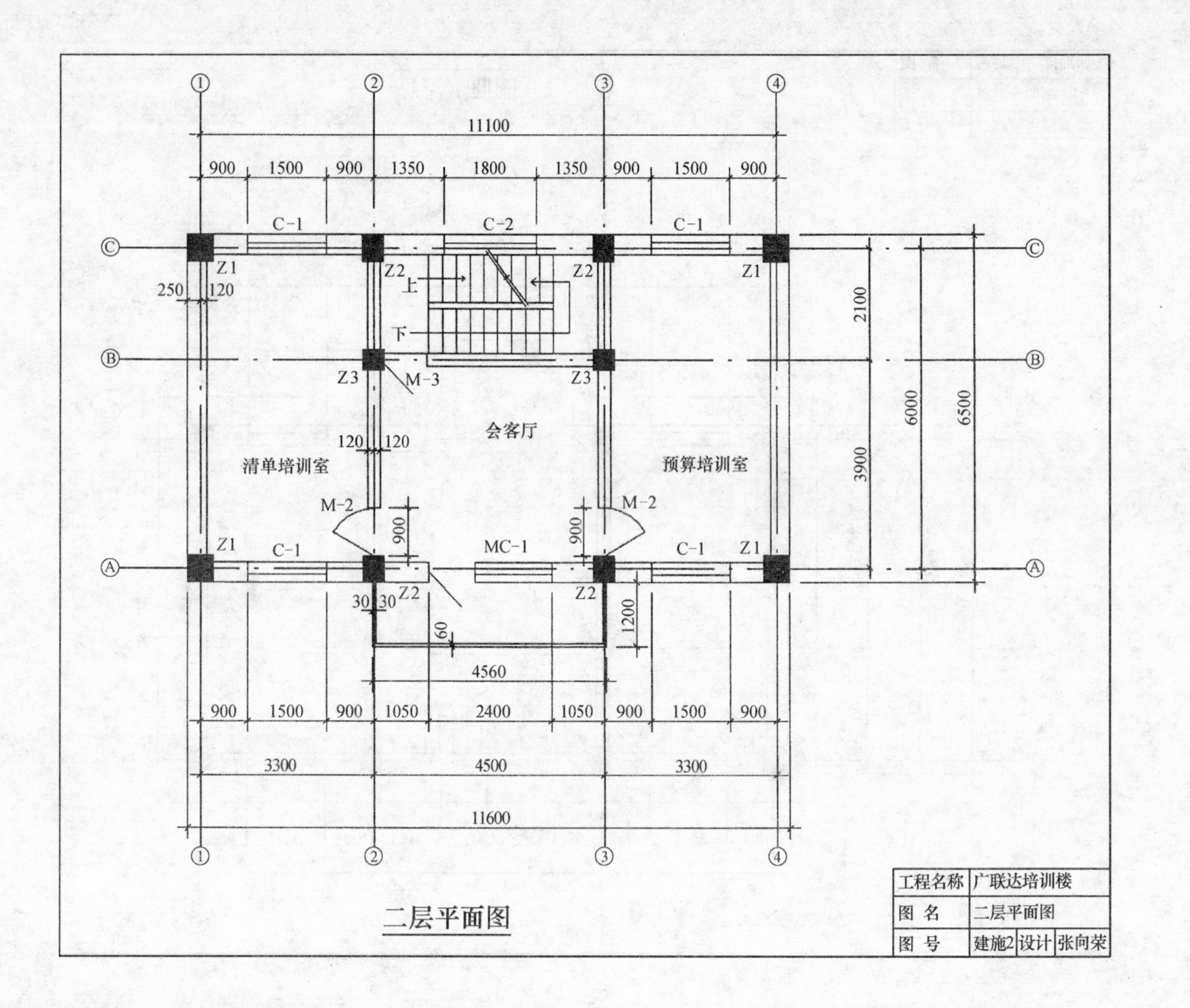
11100
900
1500
900
1350
1800
1350
900
1500
900
C-1
C-2
C-1
Z1
Z2
Z2
Z1
250
120
上
下
Z3
M-3
Z3
会客厅
120
120
清单培训室
预算培训室
M-2
M-2
900
900
2100
3900
6000
6500
Z1
C-1
MC-1
C-1
Z1
Z2
Z2
30
30
60
1200
4560
900
1500
900
1050
2400
1050
900
1500
900
3300
4500
3300
11600
工程名称
广联达培训楼
图 名
二层平面图
图 号
建施2
设计
张向荣

二层平面图

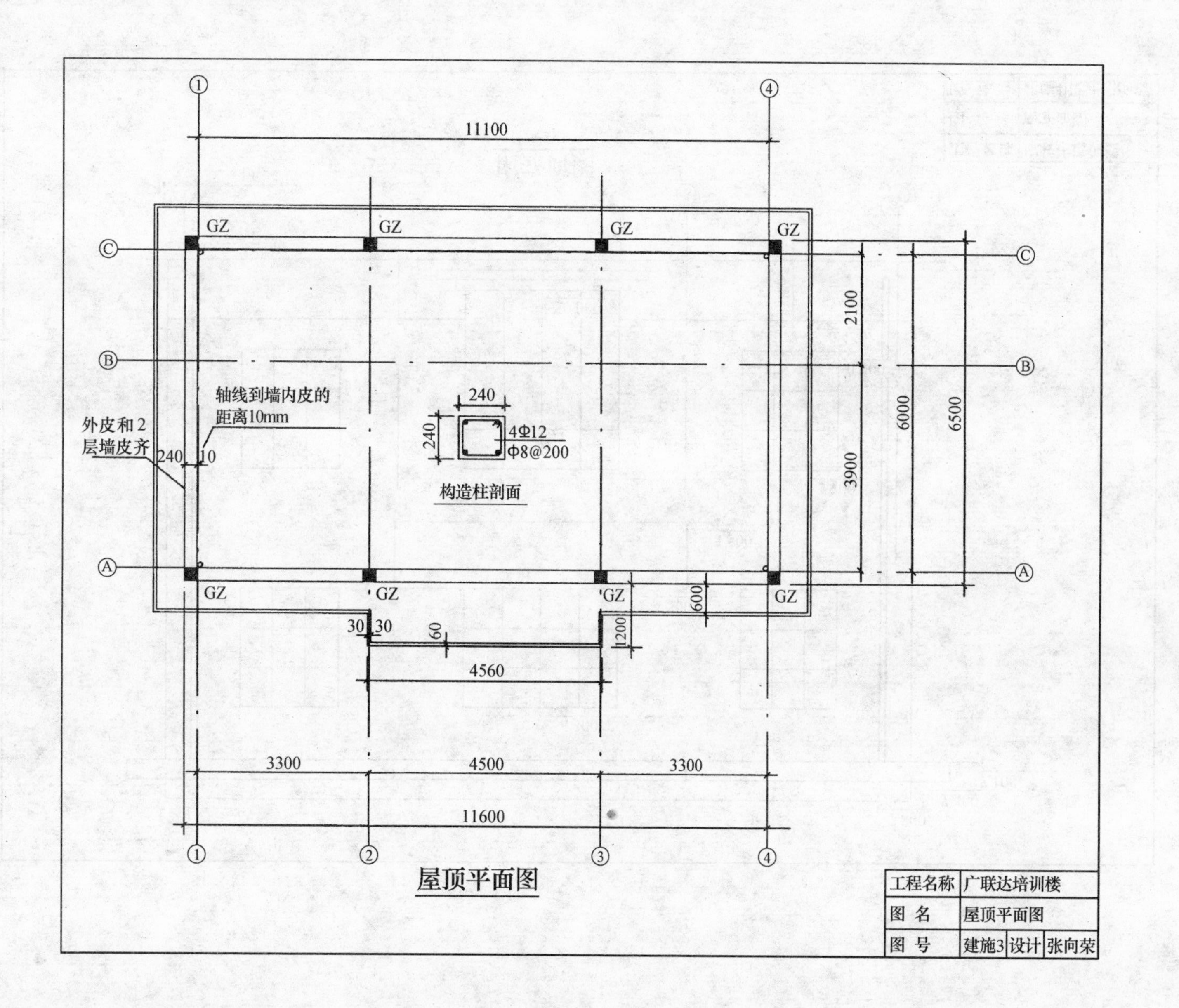
11100
GZ
轴线到墙内皮的
距离10mm
外皮和2
层墙皮齐
240
10
240
4Φ12
Φ8@200
构造柱剖面
2100
3900
6000
6500
600
1200
30
60
4560
3300
4500
11600
屋顶平面图
工程名称
广联达培训楼
图 名
屋顶平面图
图 号
建施3
设计
张向荣

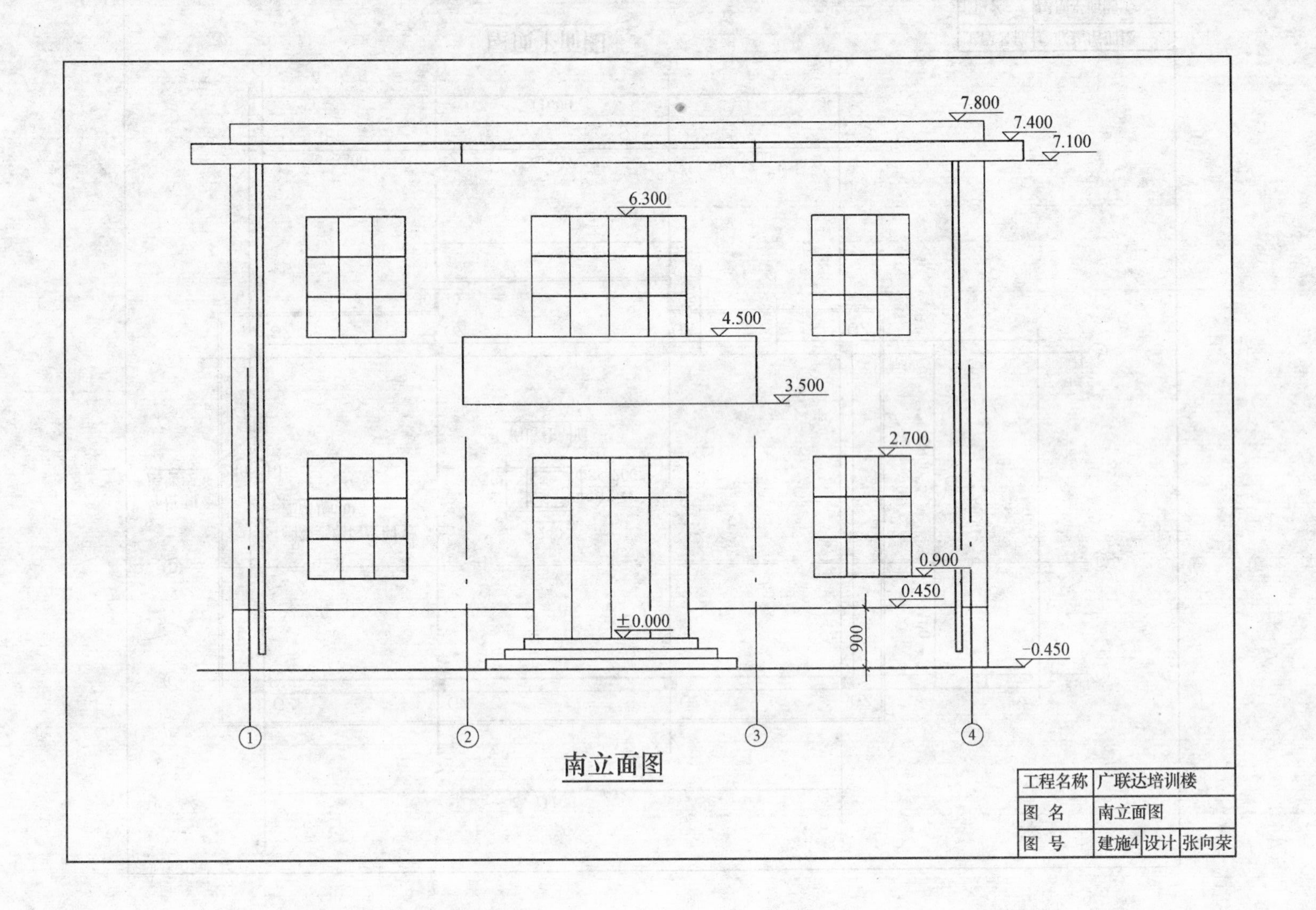
7.800
7.400
7.100
6.300
4.500
3.500
2.700
0.900
0.450
±0.000
-0.450
900
①
②
③
④
工程名称 广联达培训楼
图 名 南立面图
图 号 建施4 设计 张向荣

南立面图

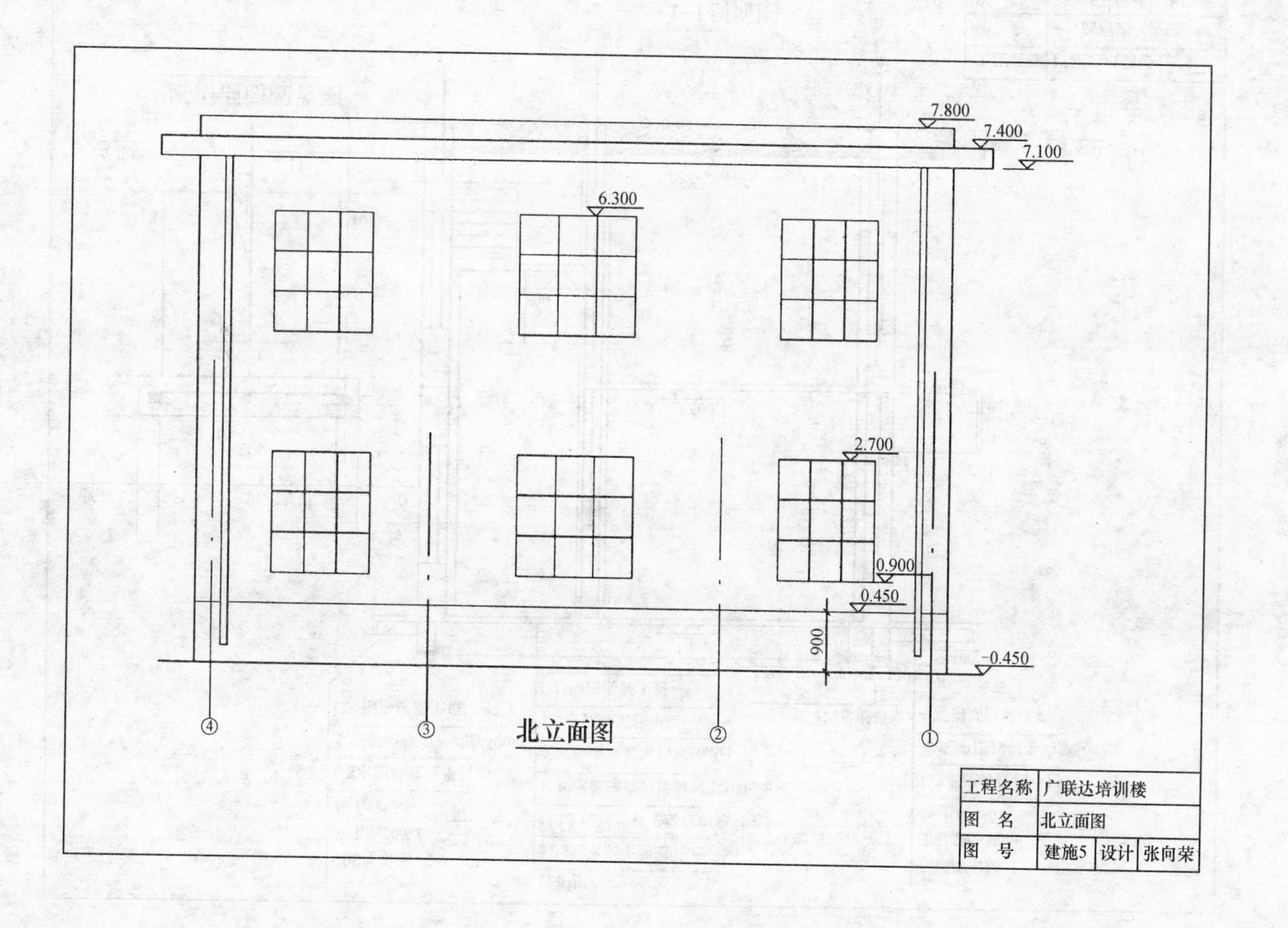
7.800
7.400
7.100
6.300
2.700
0.900
0.450
900
-0.450
④
③
②
①
北立面图
工程名称
广联达培训楼
图 名
北立面图
图 号
建施5
设计
张向荣

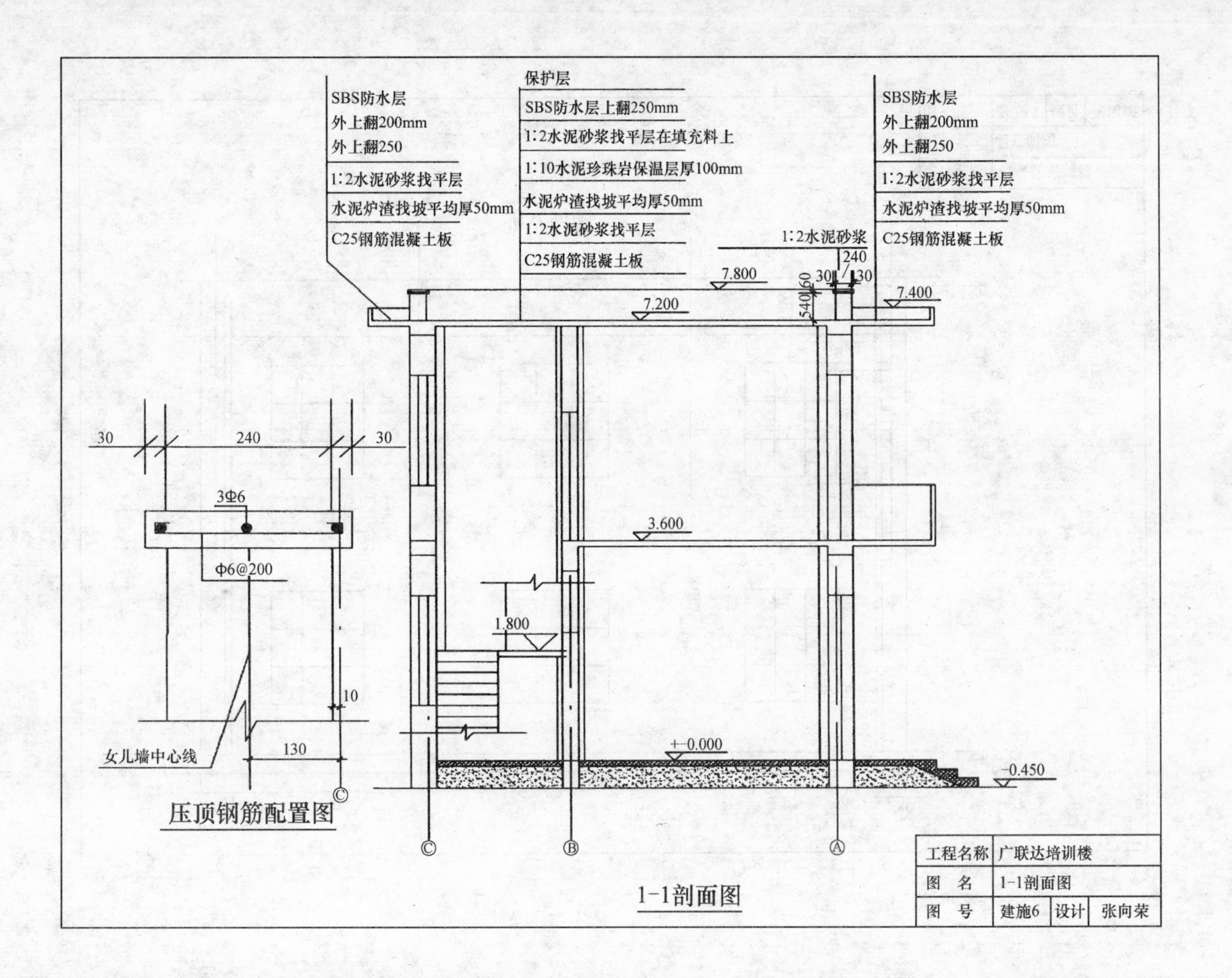

压顶钢筋配置图

1-1剖面图

工程名称	广联达培训楼		
图　名	1-1剖面图		
图　号	建施6	设计	张向荣

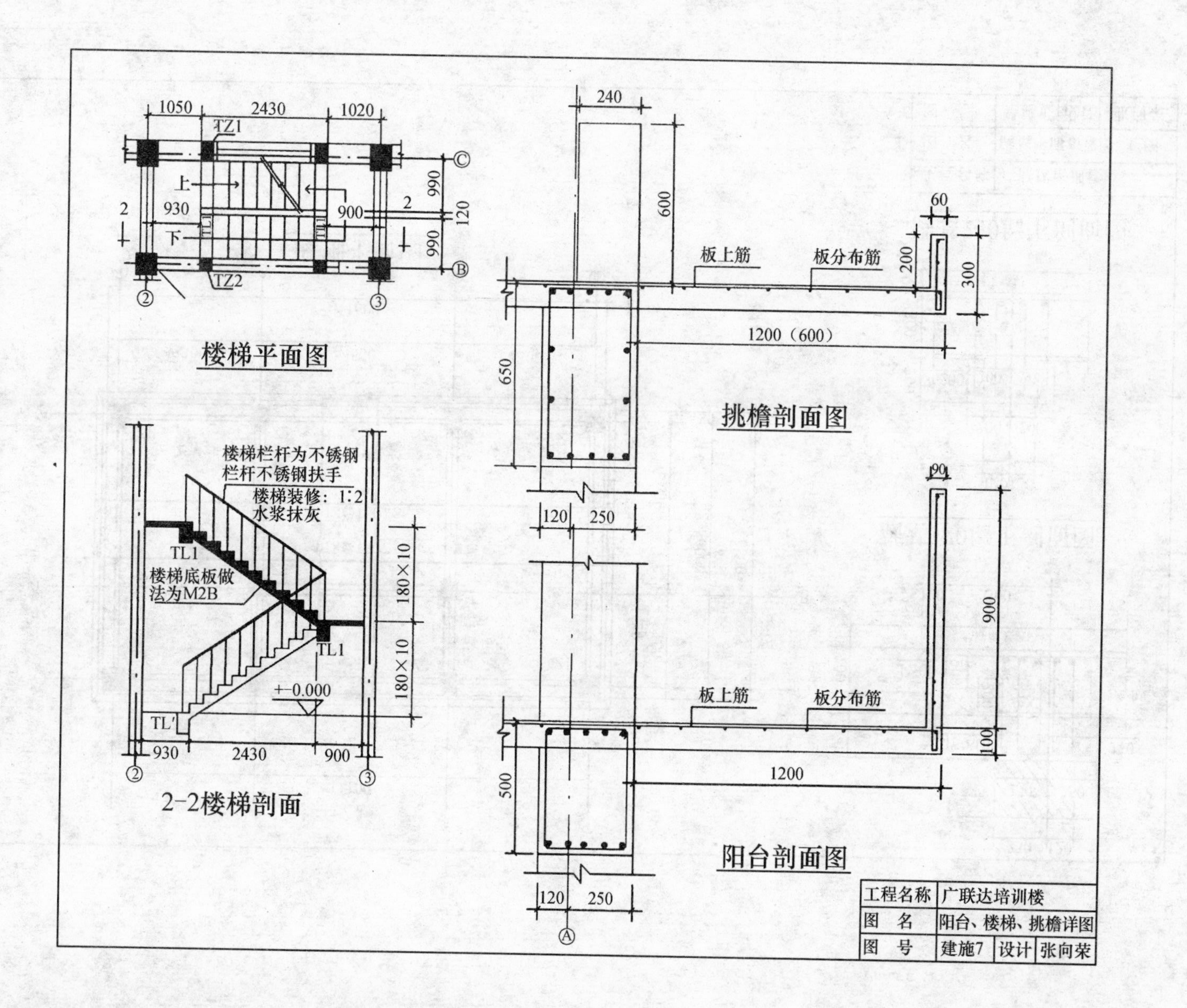

工程名称	广联达培训楼		
图　名	阳台、楼梯、挑檐详图		
图　号	建施7	设计	张向荣

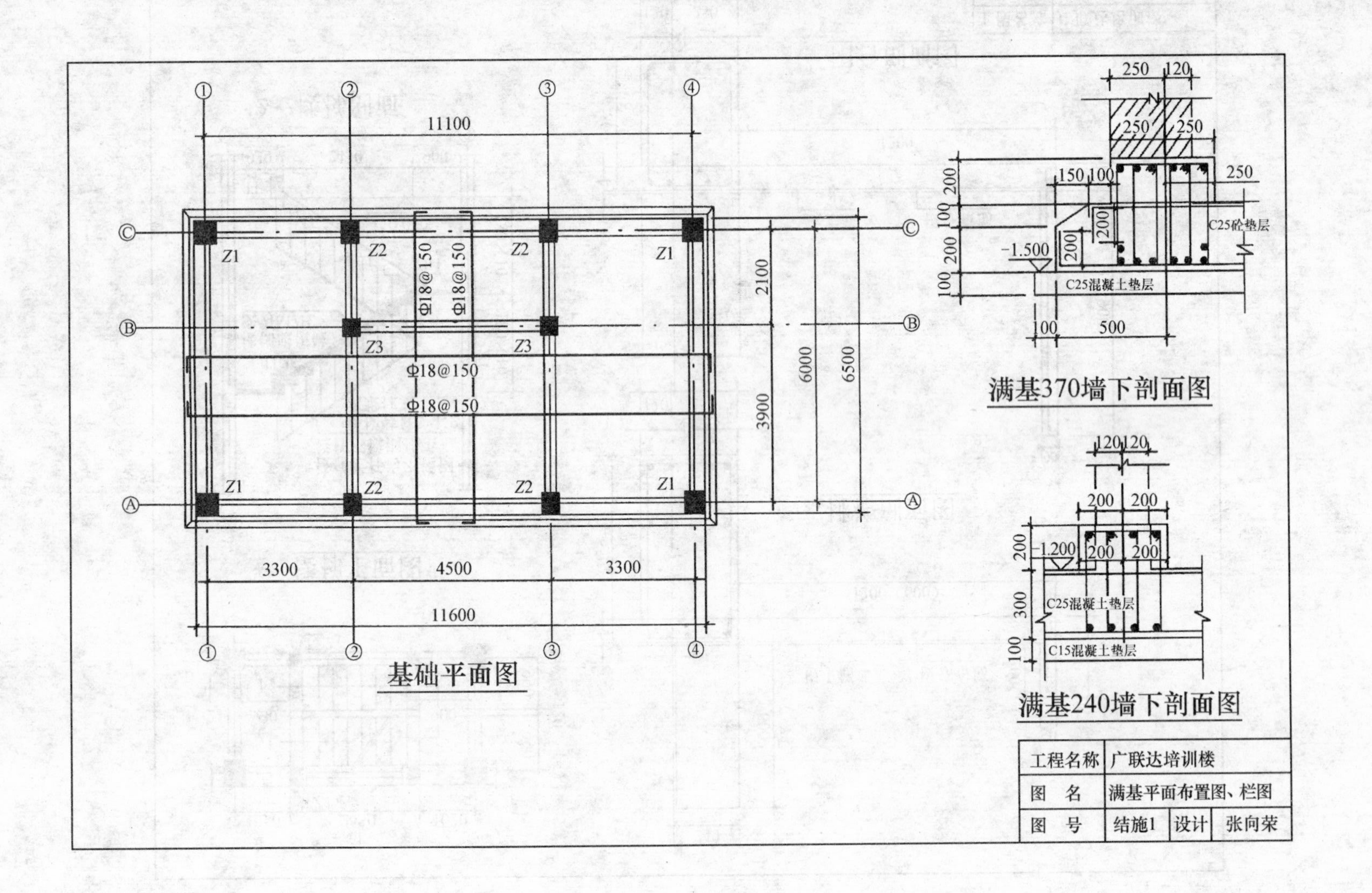

工程名称	广联达培训楼		
图 名	满基平面布置图、栏图		
图 号	结施1	设计	张向荣

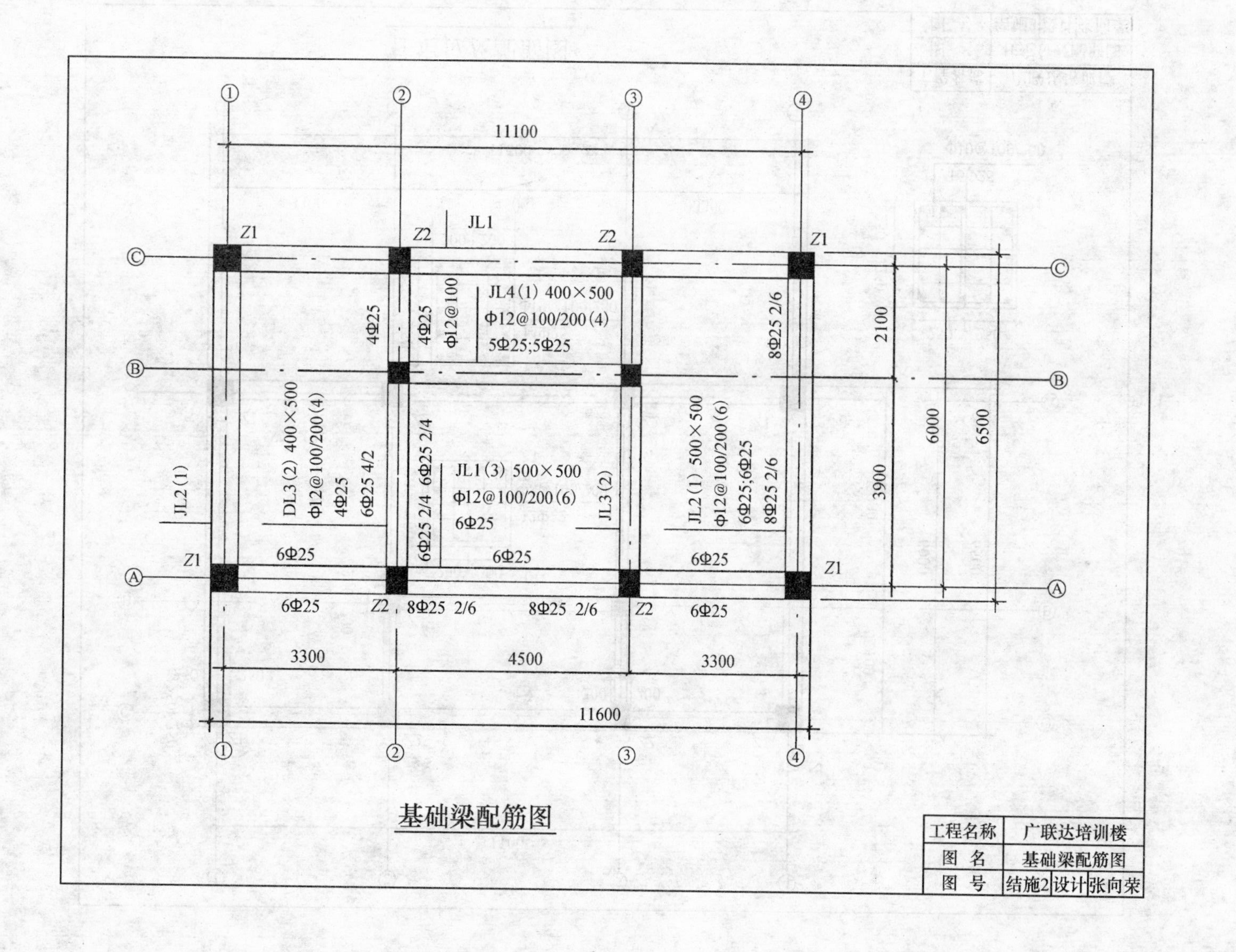
11100
JL1
Z1
Z2
Z2
Z1
JL4(1) 400×500
Φ12@100/200(4)
5Φ25;5Φ25
4Φ25
4Φ25
Φ12@100
8Φ25 2/6
2100
DL3(2) 400×500
Φ12@100/200(4)
4Φ25
6Φ25 4/2
6Φ25 2/4
6Φ25 2/4
JL1(3) 500×500
Φ12@100/200(6)
6Φ25
JL2(1)
JL3(2)
JL2(1) 500×500
Φ12@100/200(6)
6Φ25;6Φ25
8Φ25 2/6
3900
6000
6500
6Φ25
6Φ25
6Φ25
6Φ25
8Φ25 2/6
8Φ25 2/6
6Φ25
3300
4500
3300
11600
工程名称
广联达培训楼
图 名
基础梁配筋图
图 号
结施2
设计
张向荣

基础梁配筋图

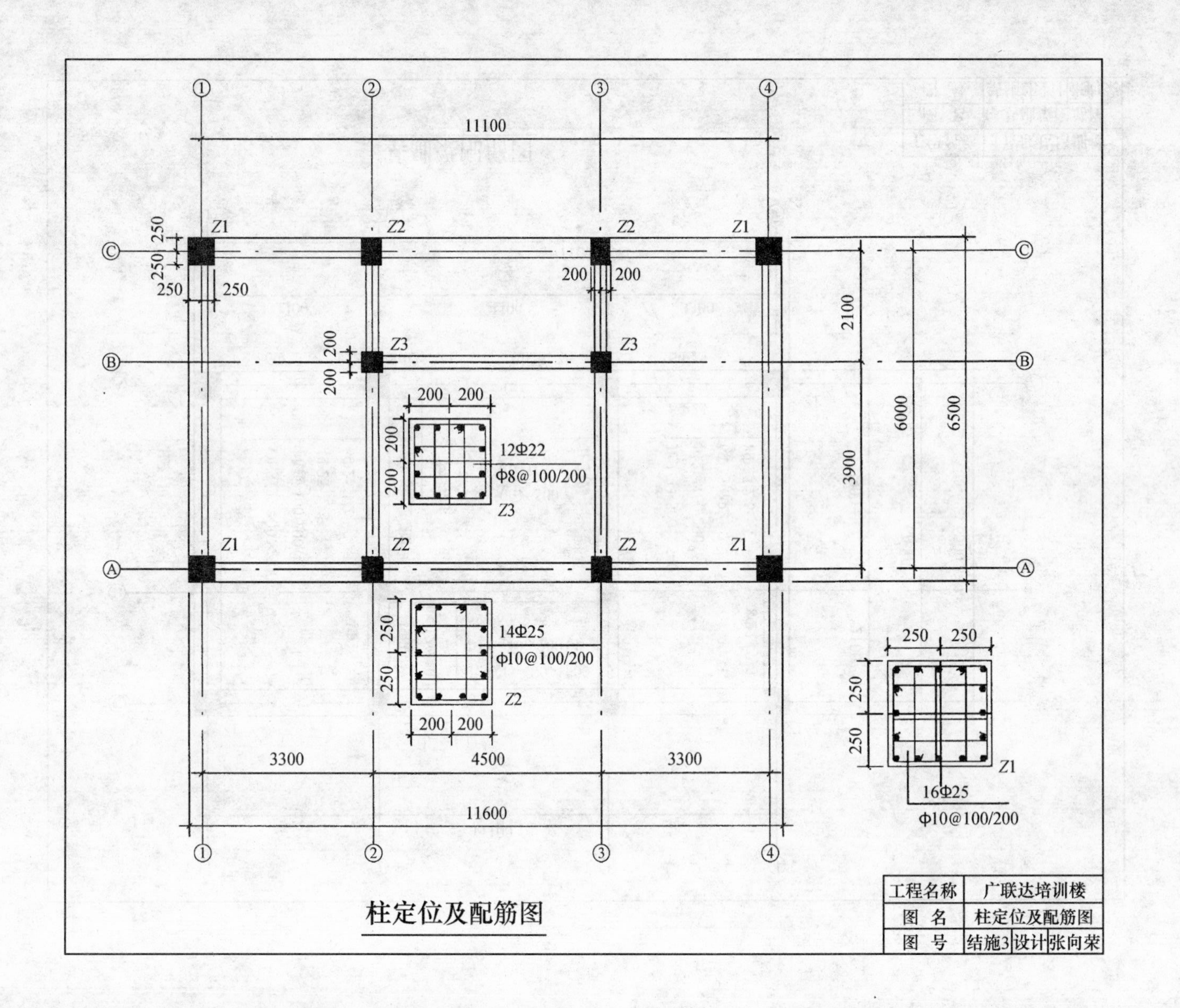
11100
Z1
Z2
Z2
Z1
250
250
250
250
200
200
2100
Z3
Z3
200
200
200
200
200
200
12Φ22
Φ8@100/200
Z3
6000
6500
3900
Z1
Z2
Z2
Z1
250
250
14Φ25
Φ10@100/200
Z2
200
200
250
250
250
250
Z1
16Φ25
Φ10@100/200
3300
4500
3300
11600
柱定位及配筋图
工程名称 广联达培训楼
图 名 柱定位及配筋图
图 号 结施3 设计 张向荣

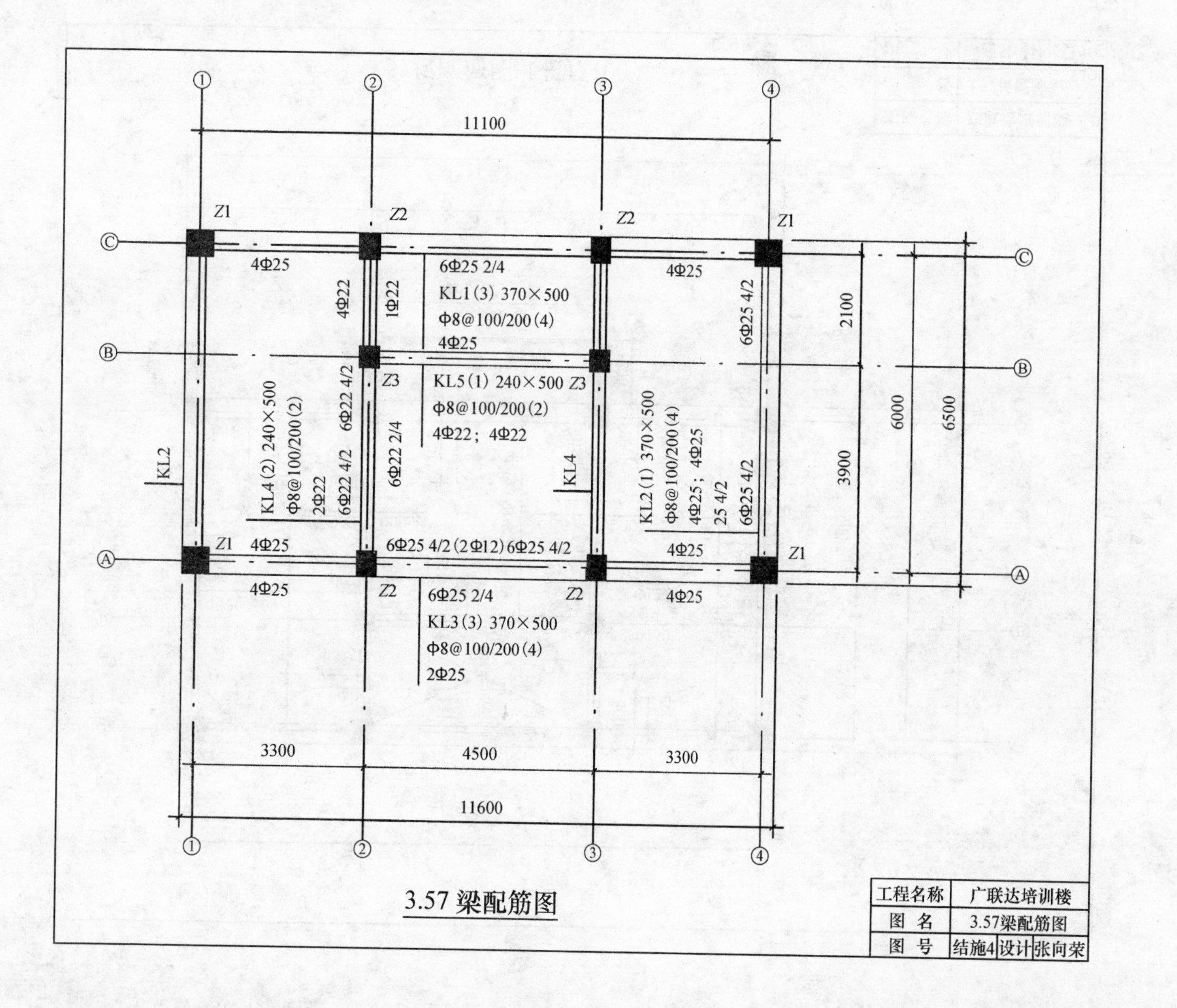
11100
Z1
Z2
Z2
Z1
4Φ25
6Φ25 2/4
KL1 (3) 370×500
Φ8@100/200 (4)
4Φ25
4Φ25
4Φ22
1Φ22
6Φ25 4/2
2100
KL5 (1) 240×500
Z3
Z3
Φ8@100/200 (2)
4Φ22；4Φ22
KL4 (2) 240×500
Φ8@100/200 (2)
2Φ22
6Φ22 4/2
6Φ22 4/2
6Φ22 2/4
KL2
KL4
KL2 (1) 370×500
Φ8@100/200 (4)
4Φ25；4Φ25
25 4/2
6Φ25 4/2
3900
6000
6500
4Φ25
6Φ25 4/2 (2Φ12) 6Φ25 4/2
4Φ25
Z1
4Φ25
Z2
6Φ25 2/4
KL3 (3) 370×500
Φ8@100/200 (4)
2Φ25
Z2
4Φ25
3300
4500
3300
11600
工程名称 广联达培训楼
图 名 3.57梁配筋图
图 号 结施4 设计 张向荣

3.57 梁配筋图

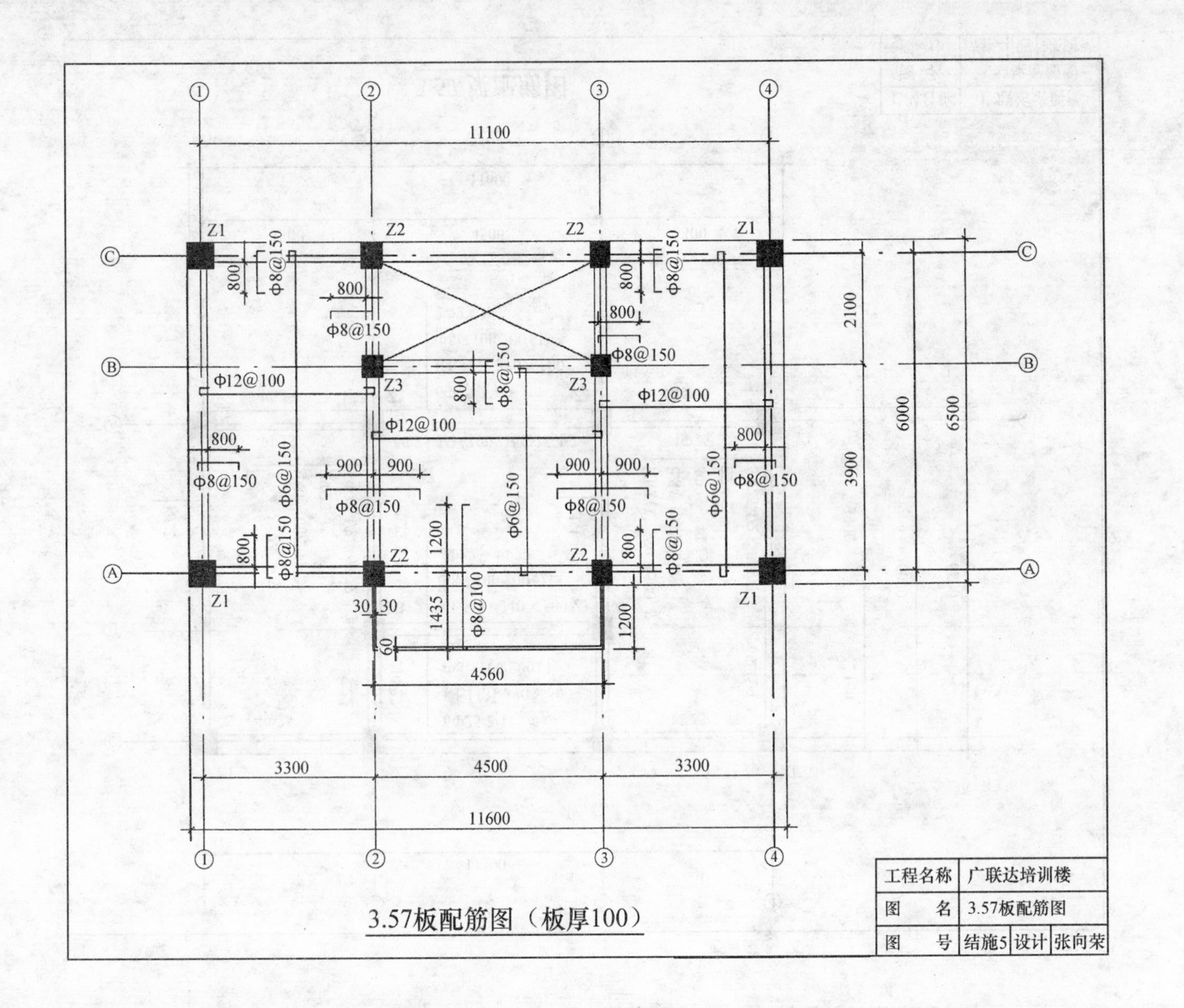

3.57板配筋图（板厚100）

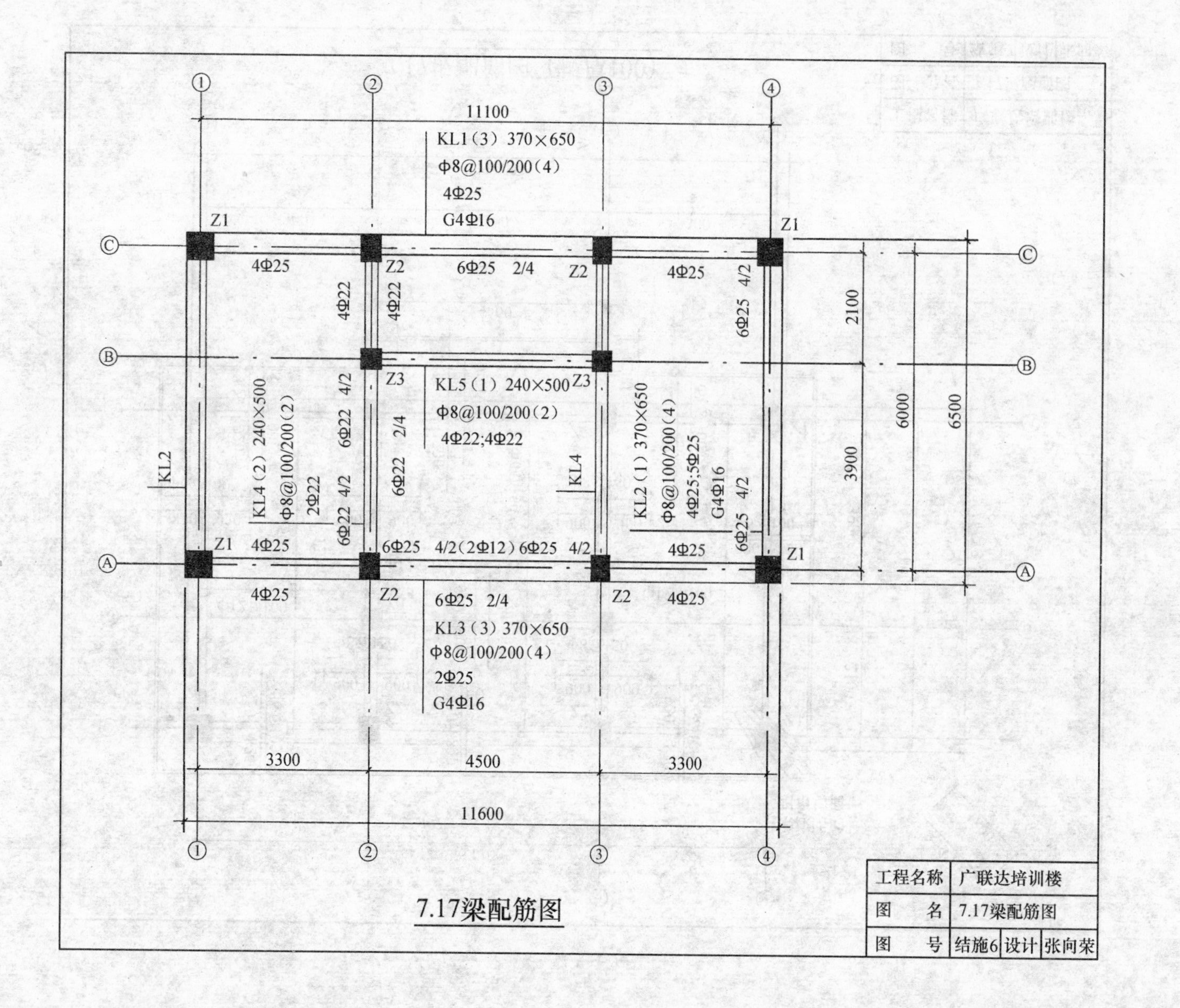
11100
KL1（3）370×650
Φ8@100/200（4）
4Φ25
G4Φ16
Z1
Z2
Z3
4Φ25
6Φ25 2/4
4Φ22
6Φ25 4/2
2100
KL5（1）240×500
Φ8@100/200（2）
4Φ22;4Φ22
KL2
KL4（2）240×500
Φ8@100/200（2）
2Φ22
6Φ22 4/2
6Φ22 2/4
KL4
KL2（1）370×650
Φ8@100/200（4）
4Φ25;5Φ25
G4Φ16
3900
6000
6500
6Φ25 4/2(2Φ12) 6Φ25 4/2
KL3（3）370×650
Φ8@100/200（4）
2Φ25
G4Φ16
3300
4500
11600
工程名称 广联达培训楼
图名 7.17梁配筋图
图号 结施6 设计 张向荣

7.17梁配筋图

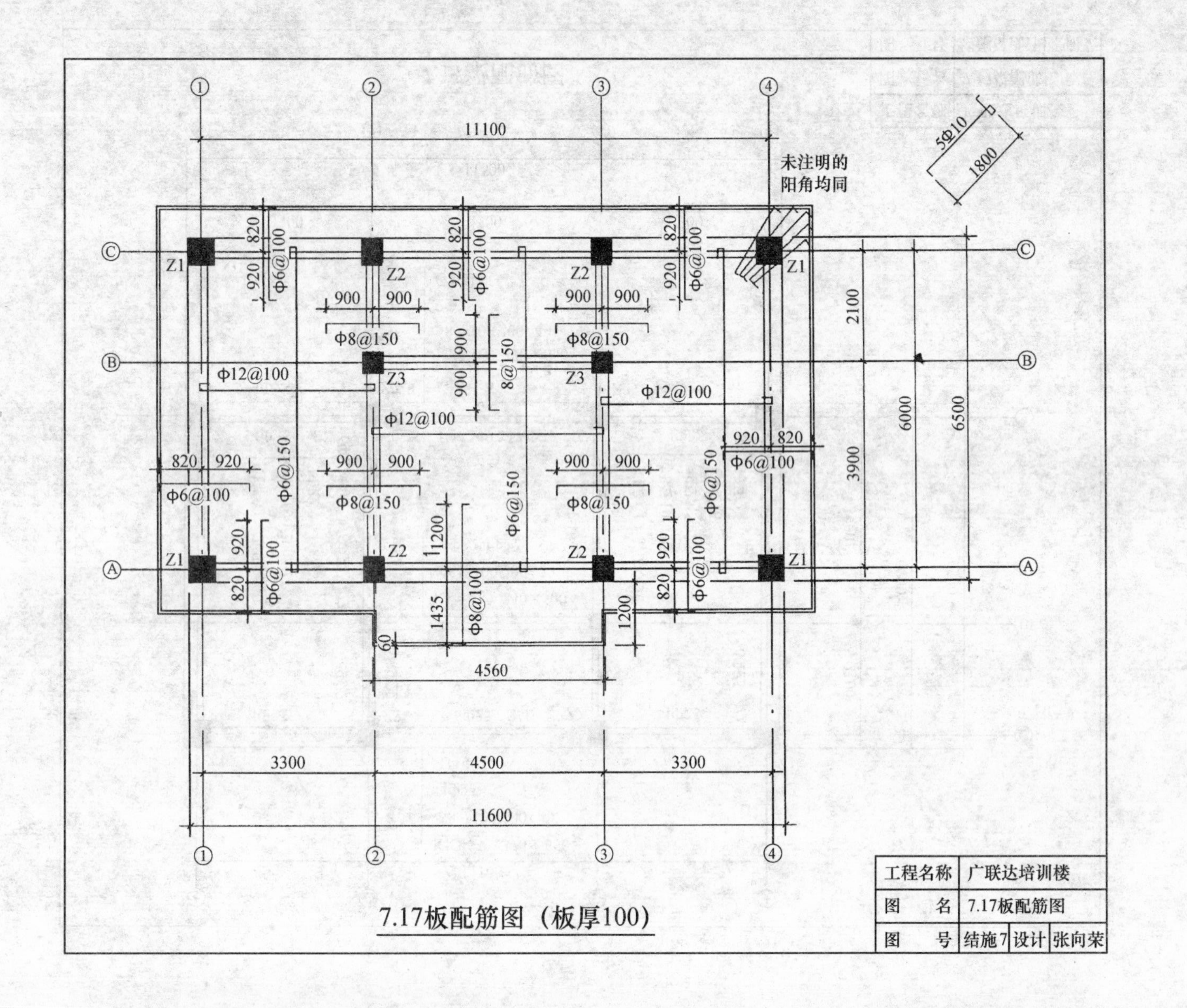

7.17板配筋图（板厚100）

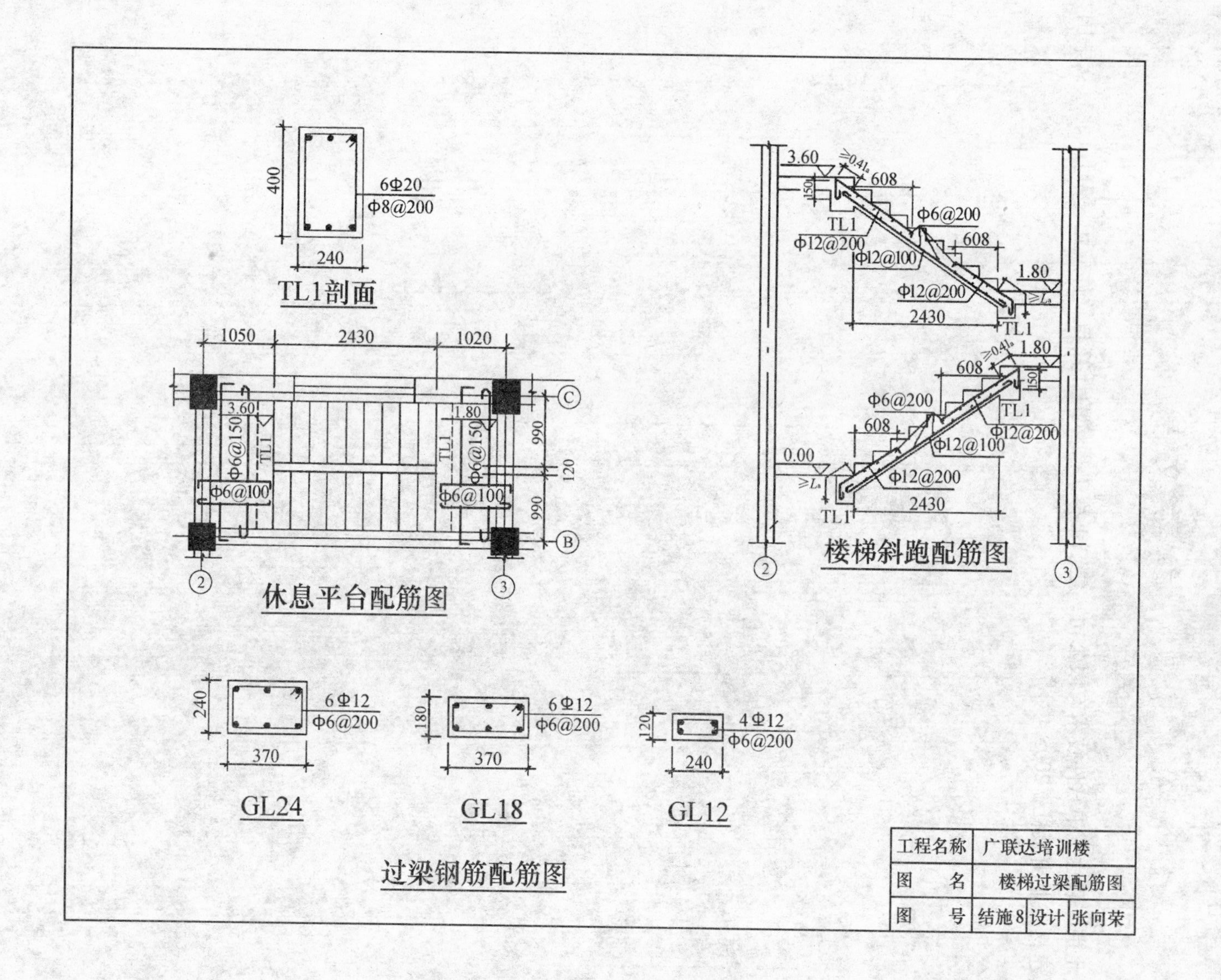

400
6Φ20
Φ8@200
240
TL1剖面
1050
2430
1020
3.60
1.80
Φ6@150
TL1
Φ6@100
990
120
休息平台配筋图
3.60
0.00
1.80
608
150
≥0.4l_a
≥L_a
Φ6@200
Φ12@200
Φ12@100
2430
楼梯斜跑配筋图
240
370
6Φ12
Φ6@200
GL24
180
370
6Φ12
Φ6@200
GL18
120
240
4Φ12
Φ6@200
GL12
过梁钢筋配筋图
工程名称
广联达培训楼
图　名
楼梯过梁配筋图
图　号
结施8
设计
张向荣

参 考 文 献

北京广联达慧中软件技术有限公司．建筑工程工程量的计算与软件应用［M］．北京：中国建材工业出版社，2005.